*FAMOUS AIRPLANES OF THE WORLD —— No.131*

# ロッキード P-38 ライトニング

# LOCKHEED P-38 LIGHTNING

夜間に試射を行なうP-38J。主翼に武装を付けた戦闘機は、その射線がある程度の距離（250〜300m）で一点に集中するように搭載位置を調整するが（そこを過ぎると弾丸は拡散することになる)、機首に機関砲と機関銃をまとめて装備したP-38は真っ正面に向けて射撃すればいいので、弾丸の拡散がほとんど起こらない。

**BUNRINDO Co., Ltd.**

Photo : JEFFREY L. ETHELL COLLECTION

# LIGHTNING COLOR ALBUM

Photos : JEFFREY L. ETHELL COLLECTION Unless otherwise credited
Photo Captions : Katsuhiro FUJITA

**YP-38** 原型機XP-38に続いて13機作られた増加試作型YP-38のうちの1機。当初はXP-38と同様にキャノピーの前方部分は枠なしだったが、この写真に見られるように2本の枠を入れて3分割の構造になった。操縦しているのは陸軍のテストパイロット、シグナ・ギルキー少佐で、彼は空気の圧縮性の問題に最初に遭遇することになった。

**YP-38** これもYP-38で、機首の上部に2本の筒状のものが突き出ているが、これは12.7㎜機関銃を模したもの。武装としては37㎜機関砲1門、12.7㎜機関銃2挺、7.62㎜機関銃2挺が考えられていたが、実際には搭載されずに終わった。

**YP-38** XP-38はエンジンナセルの下面に滑油冷却器用の開閉式空気取り入れ口を付け、冷却器を通った空気をブームの上面（エンジンの冷却器がある部分の後方）から排出するようにしていたが、YP-38ではナセル下面にきちんとした空気取り入れ口を設け、そのすぐ後方に排出用扉を配した。その部分から後方に黒い汚れがついているのは、オイル漏れのためだろう。

**Lightning I** 英空軍向けのライトニングⅠ。ターボ過給機を付けなかったので性能は米陸軍のP-38より低下し、英空軍はテストをしただけで発注をキャンセルしたが、米陸軍より早期に大量発注したことが量産体制作りに貢献することになった。また、生産が進んでいた英国向け機は米陸軍で飛行訓練に用いられたので、無駄にはなっていない。そして、“ライトニング”という英国での名称が、米陸軍でもP-38の愛称として流用されることになった。

**P-38D** 米陸軍向けの最初の生産型となったP-38Dは1941年８月から引き渡しが開始された。写真は同年11月にノースカロライナで行なわれた演習に参加したときのもので、機首の赤い十字は演習で「赤軍」に所属することを示している。すでにヨーロッパで起こっていた第二次大戦の戦訓を採り入れ、P-38Dは燃料タンクを自動防漏式に変更し、防弾板を追加するなどしていたが、まだ手直しすべき点が多く残っていた。

**P-38E** 真の実戦型といえるのはP-38Eからだった。P-38Dでは37㎜機関砲１門と12.7㎜機関銃４挺を付けることになっていたが、機関砲の生産数が不足したので、実際に搭載することはなく、12.7㎜４挺だけとなっていた。P-38Eでは37㎜の替わりに20㎜機関砲を取り付けることなり、それが最終的な武装としてP-38Lまで受け継がれることになる。

**P-38E** 最初に敵機を撃墜したライトニングは、アラスカ方面の防衛にあてられた第54戦闘飛行隊のP-38Eだった。1942年８月４日に偵察に来た日本海軍の九七式飛行艇の迎撃に成功したのである。写真はアリューシャン方面の前進基地とされたエイダックで1943年初めに撮影されたもので、ここからP-38EはB-24を援護して往復2,000kmにも達するキスカへの長距離攻撃作戦を実施したこともある。

**P-38E** P-38の型の識別はちょっと難しいせいか、この写真にはP-38E、P-38F、P-38Hの諸説があり、場所についても南太平洋、米本土の西海岸、地中海とさまざまな説明がなされているが、正解は第82戦闘航空群が米西海岸でP-38Eにより訓練を行なっていた時期に、ロッキード社のカメラマン、エリック・ミラーがハドソン爆撃機の爆弾倉の扉を開いて撮影したもの。写真をよく見ればキャノピーが横開きで、それとP-38Fから補助翼後縁に追加された固定タブがないことから、P-38Eだと判定できるのだが。

Photo : T-PRESS

**P-38F** P-38FはP-38Eよりパワーを増したエンジンを装備し、P-38F-1からは内翼下面にパイロンを付け、増槽や爆弾を搭載できるようになった。この写真のP-38Fはロッキード社がパイロットの座席後方を少し整理して、もう1人同乗できるようにした機体。写真から分かるように、後ろに乗るには前かがみの窮屈な姿勢になるが、記者や陸軍関係者の体験飛行に活用された。なお、撮影されたのは1944年4月だが、方向舵には戦前の陸軍機のようなストライプを入れている。

**P-38H** 主翼下面のパイロンは増槽の装着により航続距離を大きく増すのに貢献したが、爆弾の搭載にもあてられ、P-38に戦闘爆撃機として活躍する道を開いた。写真はフロリダにあった戦術センターで主翼下面に1,000ℓb（450kg）爆弾2発を搭載してテスト中のP-38H。その後2,000ℓb（900kg）爆弾2発も搭載できるようになり、その場合航続距離はかなり短くなったが、爆弾の搭載重量だけでいえば九七重爆（最大1t）を大きく上回る。

**P-38L** パイロンへの1,000lb爆弾の搭載作業。当初英駐留の第８航空軍に配され、その後地中海方面の第12航空軍に所属して爆撃機の援護や、対地攻撃に活躍した第82戦闘航空群の第95戦闘飛行隊の所属機とのことで、同航空群ではP-38のいくつかの型を使ったが、パイロンの先端部にガンカメラの収容部があるのでP-38Lだと判定できる。

**P-38J** ライトニングは外翼の前縁部に中間冷却器を収容するという特異な設計だったが、その冷却能力の不足がエンジンの出力発揮に制約をもたらしたので、P-38Jからはエンジン下面に滑油冷却器と並べて通常形式の中間冷却器を付けることになった。それでカウリングはP-40後期型に似た形状となり、空気抵抗は少し増加したが、パワーをフルに使えるようになったので飛行性能は向上した。また、ブーム側面のエンジン冷却器も大きくされている。

**P-38J** ロッキード社で製造したライトニングの5,000号機にあたるP-38J-20は1944年5月に完成し、全体を深紅に塗られて宣伝写真が撮影された。機首の「YIPPEE」（イーピー：はしゃいだときの「わあい！」といった言葉）の文字は主翼下面にも大きく描かれている。写真撮影後、同機は赤い塗装を落として太平洋戦線の第475戦闘航空群に引き渡されたが、1945年1月タキシング中に事故で損傷し、スクラップにされたという。

**P-38M** P-38MはP-38Lを改造した夜間戦闘機型で、機首下面にレーダーアンテナを収容したポッドを吊り下げ、パイロット席の後方にレーダー手席を追加した。レーダー手席のキャノピーはパイロット席より一段高く突き出した形状になったが、それは前方視界を必要としたからではなく、後部に主桁が通っており、その上に座席を付けたので、飛び出すかたちにせざるをえなかったのだ。それでもP-61より高速だったが、実戦には間に合わなかった。

**P-38 Early Model** 初期型（P-38FかGかH）のエンジン交換作業。アリソンV-1710は米陸軍が期待をかけた液冷エンジンで、P-39やP-40、P-51の初期型にも使用されたが、それらが１段の機械式過給機付きの型を使ったのに対し、P-38はターボ過給機と組み合わせて優れた高空性能の確保を図ったのである。

**P-38 Later Model** こちらは後期型（P-38JかL）のエンジン部で、ガダルカナルで撮影されたもの。初期型とはカウリングの形状が大きく異なり、プロペラ軸に下に開いた空気取り入れ口は中央が中央冷却器用で、その両側が滑油冷却器用。空気抵抗を減らすため、タイトなカウリングが被されているが、そのため整備作業がやりにくいという声もあった。

**P-38 Cockpit** 1943年オーストラリアのブリスベンにおける第475戦闘航空群のP-38で、キャノピーがそれまでの横開きから後方に開く形式に変わったのはP-38F以降。コクピットはさほど広くなく、身長が1.8m以上だとかなり窮屈だったという。座席に座るウィリアム・ハニング大尉は２機の日本機撃墜を記録している。

**P-38 Cockpit** P-38Jのコクピット。スティックではなく、多発機では標準的なホイールで操縦するが、ホイールは初期の型のものとは形状が異なり、蝶ネクタイのようなかたちにされ、計器を少し見やすくしている。それでもホイールを取り付ける逆L字形の支柱が視線の妨げになり、計器やスイッチ類の配置もややゴタゴタしている。

**P-38J** P-38がもっとも活躍したのは太平洋戦域で、第二次大戦における米国のトップエースとなったリチャード・ボング少佐はP-38を駆って40機の日本機を撃墜した。このP-38Jは彼の乗機で（顔が見えないがコクピット内にいるのはボングとのこと）、胴体に27個の撃墜マークが付いている。ボングは1944年４月12日に２機を撃墜して、第一次大戦時のリッケンバッカーの26機という記録を抜いた（後にその前日の１機が公認され、その時点で28機となった）。なお、ボングの乗機としては側面に恋人マージの顔を描いた機体（s/n 42-103993）が有名で、25個の撃墜マークを付けた写真が流布しているが、その後この機体（42-104380）に乗り換えた。

**P-38J** ボングに次ぐ米国で２位のエースとなったトーマス・マクガイア少佐とその乗機P-38J。マクガイアはボングの記録を抜こうとして38機にまで達したが、増槽を付けたまま空戦に入るというミスを犯し、低空での急旋回中に失速して墜死した。写真は19機の撃墜を記録した時期のもので、機体に書かれた「PUDGY Ⅲ」というのは奥さんの愛称。パッジーというのは「太った」といった意味で、実際には奥さんはスリムだったそうだから、からかい気味のそんな愛称を口にできたのだろう。

**P-38J** マクガイアが所属した第475戦闘航空群の指揮官であり、撃墜27機で米国第７位のエースともなったチャールズ・マクドナルド中佐（当時）の乗機P-38J（42-104024）。愛称のうちの「Putt」はゴルフのパットのことで、「Maru」は日本の船を意味し、「日本の船を小突き回そう」といったネーミングだろう。

**P-38J** ブームの冷却器部分をブルーのチェックで塗ったこのP-38Jは、第18戦闘航空群第12戦闘飛行隊のウイリアム・フォークス中尉の乗機。機首の文字は読み取りにくいが「Billy's Filly」で、1945年初めにミンダナオのザンボアンガで撮影された写真である。第12戦闘飛行隊は第15戦闘航空群に所属してP-39を使用した後、1943年３月に第18戦闘航空群に移ってP-38を装備した。

**P-38 Nose Art** こちらは第18戦闘航空群の第44戦闘飛行隊に所属した機体の右側面に描かれたノーズアートで、「HEADY」は「浮き浮きさせる」といった意味。その下の「HEDY」はハリウッド女優のヘディー・ラマールのことに違いなく、彼女の似顔が描かれている。パイロット名は不明だが、きっと彼女のファンだったのだろう。

**P-38 Nose Art** 英国からドイツ爆撃を行なった第８航空軍には航続距離の大きなP-38が優先的に配備されたが、1942年11月に北アフリカ上陸作戦を行なうことになったため、配備されていた３個戦闘航空群のP-38はそちらに回された。そして1943年秋になって再び第８航空軍へのP-38配備が行なわれ、これはそのなかの第55戦闘航空群に所属した第38戦闘飛行隊のマーク・シップマン少佐のP-38H。1943年11月に撮影されたもので、前に立つのはクルーチーフ（向かって右）と武装係。

**P-38 Nose Art** これも第38戦闘飛行隊のP-38Hで、ミルトン・ジョエル少佐の乗機。胴体に３個の撃墜マークを描いているが、彼は1943年12月29日に戦死した。太平洋戦域ではP-38がもっと欲しいという要望が持続したが、第８航空軍におけるP-38の評価は低く、同等の航続距離を備えるマーリン装備型P-51が登場すると、それに統一する方針が打ち出され、P-38部隊は戦術航空部隊である第９航空軍や地中海方面の第15航空軍などに回されて、第８航空軍におけるP-38の活動は約１年にしか過ぎなかった。

**P-38L** 一度は第８航空軍に配されたものの、北アフリカに回され、そしてイタリア上陸後はそちらに基地を移して戦った第82戦闘航空群の第95戦闘飛行隊所属機。胴体に書かれた文字は「Gotterdammerung」。ワグナーの楽劇『神々の黄昏』のことで、ドイツと戦っていてもワグナーの音楽を愛していたのか、それとも「ナチスの黄昏」だぞとなぞらえたのだろうか。

**F-5B** ライトニングの一部は偵察型のF-4およびF-5として生産され、P-38から偵察型に改造された機体もかなりの数にのぼり、米陸軍における航空偵察兵力の主力となった。高速性能と大きな航続距離を備え、そしてカメラ搭載に適した機首形状をしていたライトニングは、偵察機にするにはうってつけだったわけだ。写真は元になったP-38J（後方）と編隊を組んだ偵察型のF-5B。

**F-5C** 第８航空軍に配属された第22写真偵察飛行隊のF-5C。P-38Jから改造された機体で、機関銃の装着部分を塞いだ跡が見える。機首下面に２つのカメラ窓があるが、搭載するカメラの種類によって側面に斜め下方撮影用の窓を付けた機体もあった。愛称のうちの「Rowe」はパイロットであるデビー・ロウ中尉の名前。９つのスワスチカはドイツへの偵察飛行の回数を示しているのだろう。

**F-5E** これも第22写真偵察飛行隊の所属機だが、P-38Jから改造されたF-5E-3で、側面カメラ窓が少し外側に突き出した形状にされている。米陸軍の戦闘機をベースにした偵察機にはP-51にカメラを付けたF-6もあるが、後部胴体に斜め下方撮影用のカメラを積み、低空での敵情偵察に役割が限定されたのに対し、多種のカメラの搭載できるF-5は高空からの偵察にも、低空強行偵察にも使用できた。低空を高速で飛行しながら撮影すると、よほど高速のシャッターでないと写真がぶれてしまうが、アメリカではフィルムを動かして、カメラで流し撮りをするような効果を得ることに成功していた。

**F-5E** イタリアに進出した第12航空軍に属した第３写真偵察航空群のF-5E。改造の元になった機体や装備の違いによってF-5Eの後にダッシュナンバーが付くが、この写真だけでは判定できない。後方に繰り出しながら下がるファウラーフラップは、翼面荷重がかなり高いにもかかわらず着陸速度を実用範囲に収めるのに貢献している。

**F-5E** これもF-5Eのようだが、部隊は不明。ともあれ、戦闘機型とはかなり違う機首の形状がよく分かる。さらに前下方撮影用の窓をつけるために機首の形状をかなり変えた型もあり、偵察型のバリエーションは多い。大戦に加わったとき、米陸軍の航空偵察能力はきわめて貧弱で、英国から偵察技術や写真の解析方法を学ぶ一方、ライトニング偵察型などの生産に努め、大戦後期には爆撃機をベースにした長距離偵察機とF-5などからなる大きな偵察兵力を保有するようになった。

Photo : USAF

**P-38 or F-5** この角度では戦闘機型か偵察型か分からないが、沖縄の占領後、伊江島に進出した第17写真偵察飛行隊の機体。後方に多数の増槽が並んでおり、遠方にはB-25の姿も見える。この時期の同飛行隊の本拠地はフィリピンのクラーク基地で、一部の機体が伊江島に分遣されたのだろう。

**P-38F** 1992年にグリーンランドで発見、レストアされたP-38F。1942年７月に米国から英国に向かったB-17 ２機と６機のP-38Fの編隊が悪天候に妨げられ、グリーンランドの氷原に不時着したが、そのなかで損傷により放棄された１機が50年後に厚い氷の下から発見されたのである。そして飛行可能な状態にレストアされたわけで、写真は2002年にスティーブ・ヒントンの操縦によりバージニアの海岸近くを飛行するP-38F。

Photo : USAF

**P-38J** 今も飛行可能な状態にあるP-38はほかにもあり、これは第１戦闘航空団のF-15Dと編隊を組んで飛行するP-38J。ライトニングはノルマンディー上陸作戦のときから敵味方の識別を容易にするために採用されたインベイジョン・ストライプを入れた姿にされている。２機を並べてみると、技術の進歩があらためて感じられるが、その名を受け継いだF-35ライトニングⅡと一緒に飛ぶところも見てみたい。

# Lightning Color Side Views

Illustrations and Text : Shigeki NINOMIYA

P-38H-5 42-66817 475FG/431FS “PUDGY” トム・マクガイヤ大尉機
1943年　ドボデュラ

最終撃墜数38機のマクガイヤ少佐が大尉時代に搭乗した２番目のP-38。この機体に搭乗していたのは４ヵ月あまりで、翌年１月には新しいJ型が到着したため乗り換えた。

P-38H-1 42-66506 8FG/80FS “PORKY Ⅱ” エドワード・クラッグ少佐機
1943年　フィンシュハーフェン

最終撃墜数15機のクラッグ少佐が最後に搭乗した機体。1943年12月26日15機目の撃墜を伝えた直後に自らも撃墜されてしまった。“PORKY” は彼自身のあだ名でもある。

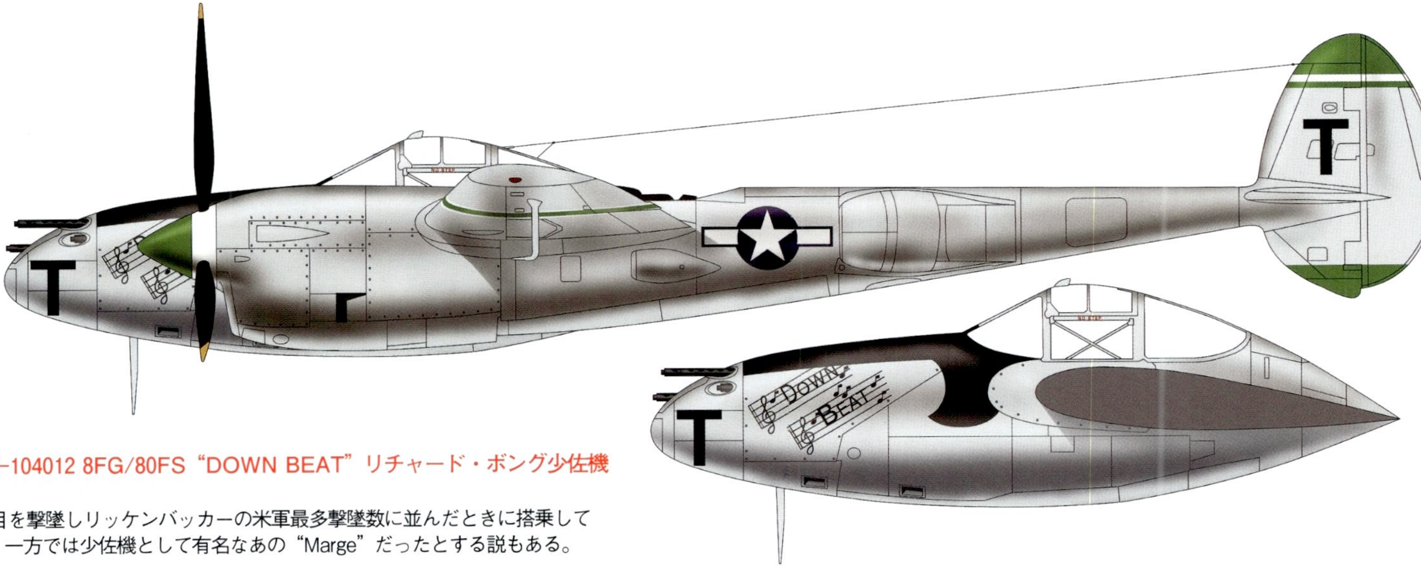


P-38J-15-LO 42-104012 8FG/80FS “DOWN BEAT” リチャード・ボング少佐機
1944年　ナザブ

ボング少佐が26機目を撃墜しリッケンバッカーの米軍最多撃墜数に並んだときに搭乗していたとされる機体。一方では少佐機として有名なあの “Marge” だったとする説もある。

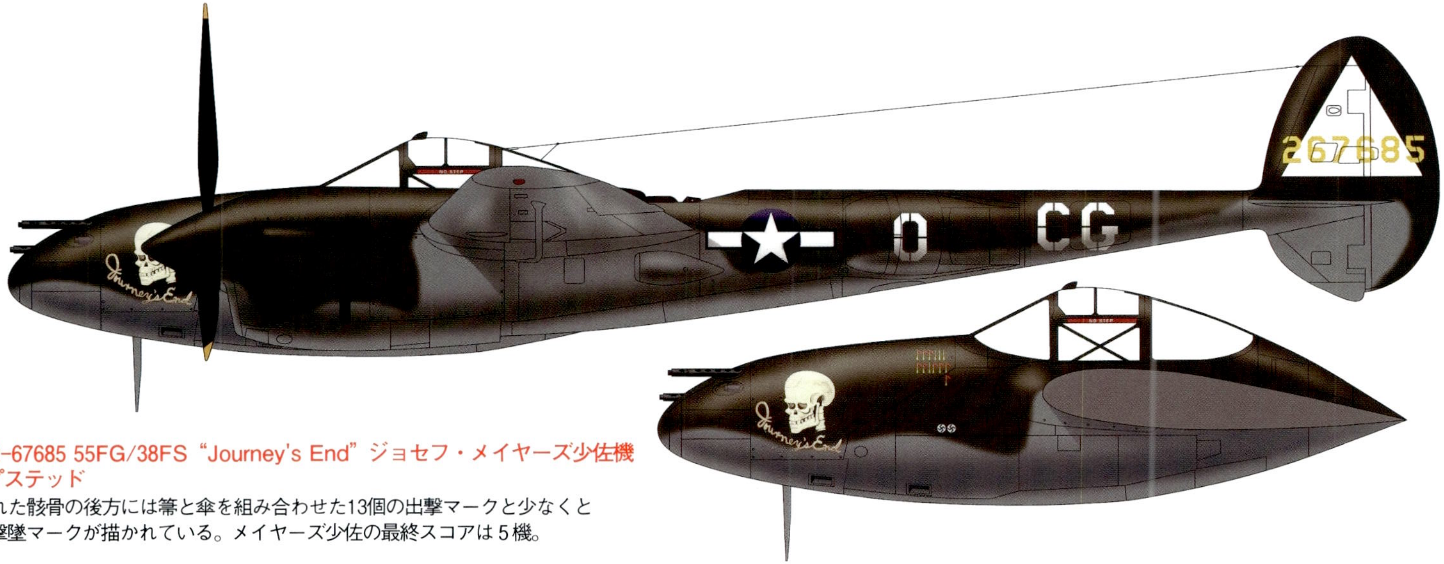


P-38J-10-LO 42-67685 55FG/38FS “Journey's End” ジョセフ・メイヤーズ少佐機
1943年　ナサンプステッド

機首に大きく描かれた骸骨の後方には箒と傘を組み合わせた13個の出撃マークと少なくとも２個のドイツ機撃墜マークが描かれている。メイヤーズ少佐の最終スコアは５機。

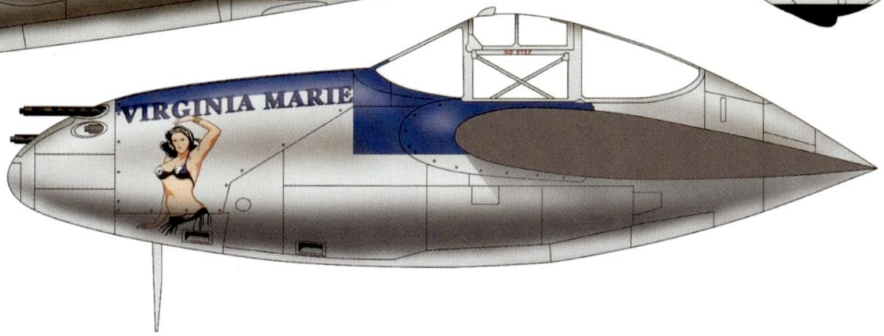


**P-38J-15-LO 42-104508 475FG/433FS "VIRGINIA MARIE"**
**ロバート・アンダーソン中尉機　ホランディア**

スピナーや翼端など機体各所にユニットカラーのブルーが塗られているが、機首上面のアンチグレアにノーズアートのブラジャーまでブルー。ちなみにノーズアートのモデルはアンダーソン中尉の奥さん。

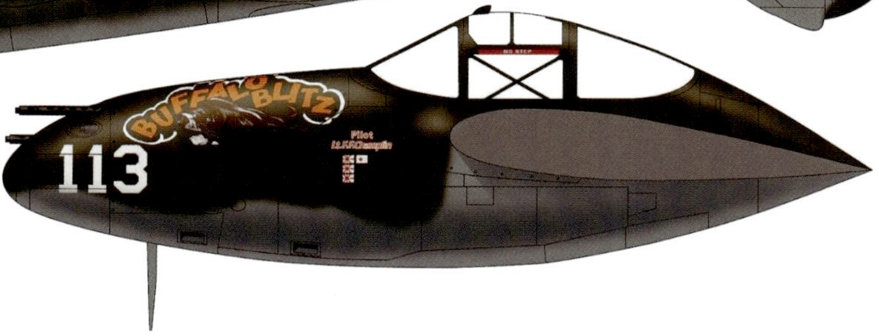


**P-38J 42-67597 475FG/431FS "BUFFALO BLITZ"　フレッド・チャンプリン中尉機**

チャンプリン中尉がこの機体を使った期間は短かった。ナンバーが縁起悪いということから、すぐに別の機体に乗り換えてしまった。以後、第431戦闘飛行隊では機体番号に113を使わなくなった。

P-38J-5 42-67147 475FG/432FS “Black Marcket Babe”
ビリー・グレシャム中尉機　1944年　ドボデュラ

第432飛行隊のエースの１人、グレシャム中尉は新しく受領したP-38Lで飛行中、機体が故障し脱出を余儀なくされたが、パラシュートが開かず墜死した。最終撃墜数は６機。

P-38L-1 18FG/12FS “Billy's Filly”　ウイリアム・フォークス大佐機
1945年　ザンボアンガ

12FSは終戦までP-38を使い続けた部隊のひとつ。同隊の機体はブーム左右のラジエーターとエンジンナセルのオイルクーラーフラップに細かいチェッカー模様を入れている。

F-5C-1-LO 42-67311 2PRG/7PRS “MODIFICATION” マクドナルド中尉機
1944年　マウントファーム

偵察機用の全面ブルーにスピナーはユニットカラーのイエローに塗られている。無武装ゆえに危険も多く、この機体も1944年９月に未帰還となってしまった。

F-5E-2-LO 43-28333 7PRG/13PRS “LANAKILA”　アルバート・クラーク中尉機
1944年　マウントファーム

ブルー２色で微妙なカウンターシェイド塗装を施した機体だが写真ではほぼ分からない。左右ブームの下面にDデイ・ストライプが残り、主脚ホイールが黄色に塗られている。

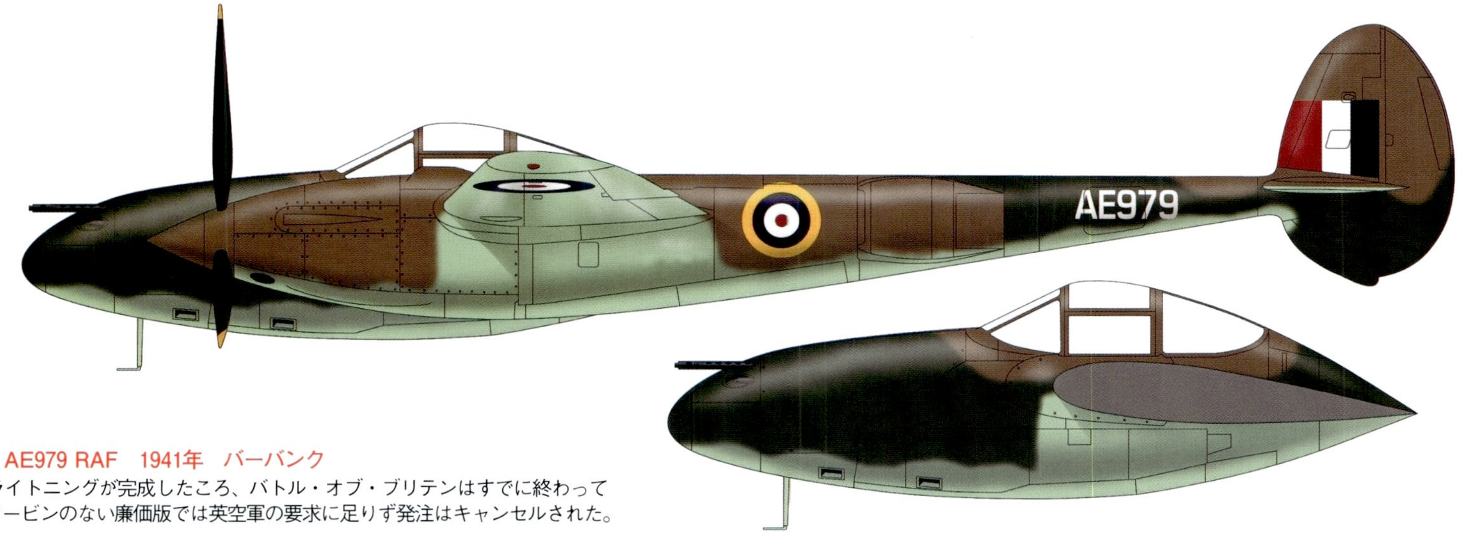


**ライトニングⅠ AE979 RAF　1941年　バーバンク**

この英空軍向けライトニングが完成したころ、バトル・オブ・ブリテンはすでに終わっており、また排気タービンのない廉価版では英空軍の要求に足りず発注はキャンセルされた。

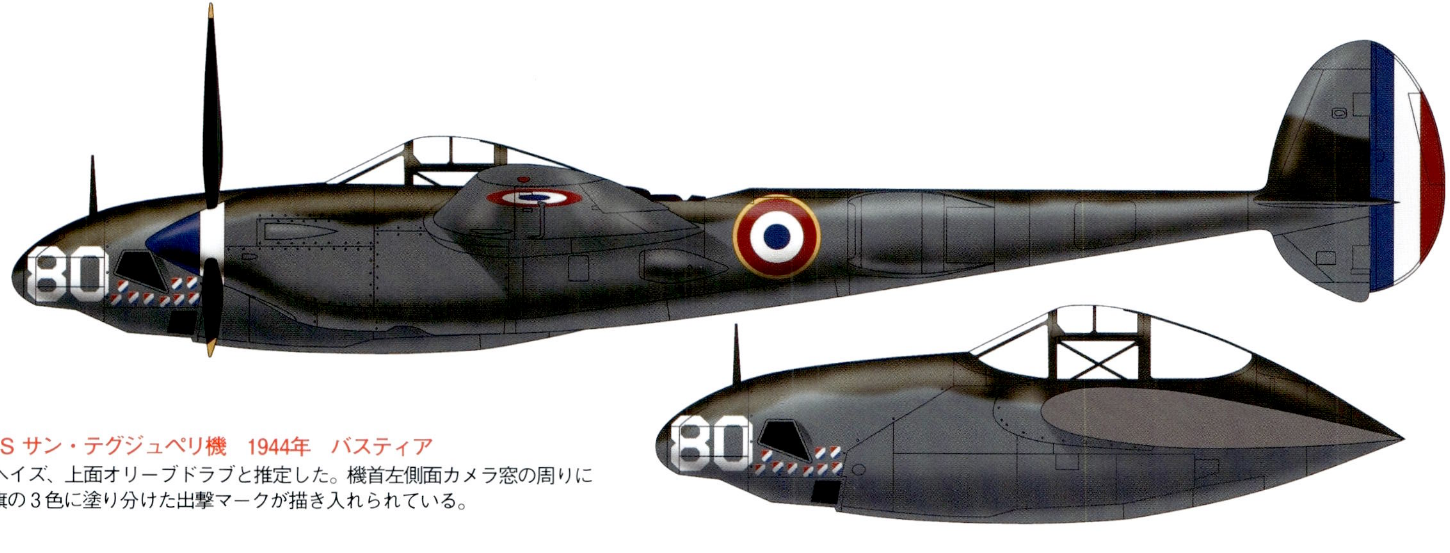


**F-5A GRⅡ/33 1S サン・テグジュペリ機　1944年　バスティア**

機体の塗装は下面ヘイズ、上面オリーブドラブと推定した。機首左側面カメラ窓の周りには盾をフランス国旗の３色に塗り分けた出撃マークが描き入れられている。

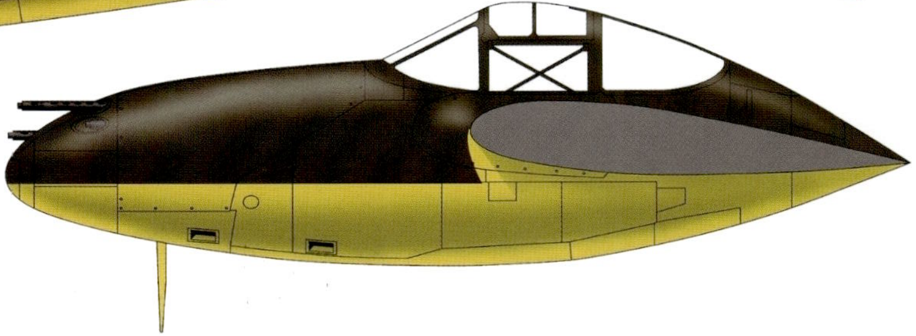

**P-38E T9-XB 2. Staffle ドイツ空軍捕獲機　1943年**

ドイツ空軍はこの機体の他にもう１機、損傷したJ型を入手し、修理の後テスト。その後訓練や偵察任務、展示飛行などに使用した。そのJ型は全面黄色に塗られていた。

**P-38G イタリア空軍捕獲機　トンディ大佐機**

イタリア空軍はカポテラ基地に誤って着陸したP-38Gを捕獲し、B-17の迎撃に使用した。少なくとも１機のB-17を撃墜したが、同空軍の燃料が機体に合わず、後に飛行不能になった。

# 世界の傑作機
# FAMOUS AIRPLANES OF THE WORLD No.131

BUNRINDO Co.,Ltd. 3-39-2 Nakano, Nakano-ku, Tokyo 164-0001 JAPAN
TEL 03（5385）5868 FAX 03（5385）5613
PUBLISHER Kesaharu IMAI CHIEF EDITOR Yutaka YUZAWA
EDITORIAL STAFF Yukihisa JINNO, Ryuta AMAMIYA
EDITORIAL ADVISER Ichiro MITSUI
Correspondent, Washington, D.C. Bureau
（Pictorial Press International）
Norman T. HATCH, Mikako BURKS
COVER Masao SATAKE（Illustration）Shigeo ITO（Design）

## LOCKHEED P-38 LIGHTNING

写真解説



図面／イラスト



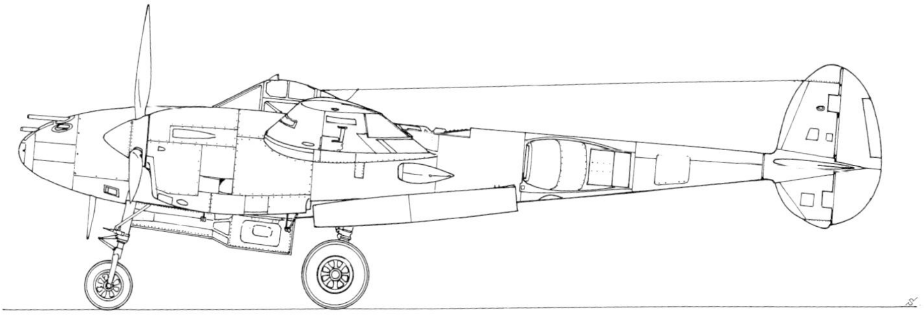

本文記事

Photo : USAF

翼を連ねて飛行するP-38HとP-38J（3機目）。

Katsuhiro FUJITA
藤田勝啓

# P-38ライトニング、その誕生と各型への発展

## 高性能インターセプターとして

1937年2月、米陸軍航空軍は双発戦闘機X-608の要求仕様を示してメーカー各社からの提案を求め、翌3月には単発のX-609の要求も出した。前年の6月に全金属製・低翼単葉・引き込み脚という近代的な形態をもつリパブリックP-35の生産発注を行ない、それと競争して実用試験用機の発注だけにとどめていたカーチス機にも、1937年7月にP-36として量産を命じるのだが、それらとは性格の異なる高性能機を求め、双発と単発の2種の単座戦闘機を比較テストして、いい方を採用する構想だった。

その任務は高高度で来襲する敵爆撃機の迎撃とされ、当時米陸軍では機種記号の「P」が示すように戦闘機のことをパースート・プレーン（追撃する飛行機といった意味合い）と呼んでいたが、これらにはインターセプター（迎撃機）という新しい用語が用いられた。

対爆撃機用としては、ベル社が提案したユニークな双発の多座戦闘機の構想が米陸軍航空軍の関心を引き、1936年5月にXFM-1の開発契約が与えられていたが、それよりずっと高速で上昇力の優れた迎撃機も探求することにしたわけだ。

なお、アメリカでは軍が要求を示すと、応募するメーカーが自費で試作機を作り、軍の比較審査を受けるというシステムになっていた。P-35やP-36はもちろん、四発爆撃機ボーイングB-17もそうだったのだが（巨人爆撃機XB-15とXB-19は例外で、研究機として試作契約がなされた）、XFM-1のような斬新な機体はまず複数の会社に設計案の研究契約を与え、それを比較して1社に試作を行なわせ、要求を満たしていれば生産に移らせるという方式も使うことにされた。そして、そのX-604という要求に関心を示したロッキード社にもXFM-2の名で設計研究契約を与え、比較審査の後（ロッキードは当て馬的存在だったが、100点満点の審査における差はわずか0.6点だったという）、ベルにXFM-1を与えるというかたちが採られたが、X-608とX-609の場合は各社が自主的に出した提案を審査して試作契約を与えることにされた。その後も自費での試作機を集めて審査するという方式もしばらく続けられたが、1939年に行なわれた双発攻撃機の比較審査（ダグラスのモデル7Bが選ばれ、A-20となった）が最後になった。

双発のX-608に対する要求は20,000ft（6,100m）までの上昇時間が6分以内、その高度での最大速度が時速360mph（579km/h）以上、フルパワーで1時間飛行でき、そして従来の戦闘機よりずっと強力な火力を備えるというものだった。P-35やP-36の最大速度が時速300mph（483km/h）をいくらか下回っていたのだから、その要求の厳しさが分かるが、これに応じたロッキードのモデル22案は最大速度が417mph（671km/h）に達する計算になっていた。そして同時に提案を出したチャンス・ヴォート、バルティー、ヒューズの案を退け、1937年6月23日ロッキードにXP-38として試作機1機の契約が与えられた。

一方、単発のX-609は、コクピットの後方にエンジンを搭載し、長い延長軸を介してプロペラを駆動するというユニークなベル社の案が選定され、XP-39として試作機が作られることになった。

## 苦闘しながらも主力戦闘機のひとつに

XP-38はロッキードの設計部長ハル・ヒバードやその下で働く気鋭の若手設計者クラレンス・ジョンソンにとって初めての戦闘機だった。

ロッキードの名が冠される戦闘機として民間機シリウスの主翼設計を利用した複座戦闘機YP-24があるが、それは1929年の大恐慌によって経営が行き詰まり、デトロイト航空機社の子会社となった時期に、設計部長のジェラルド・バルティーが外部から招いたロバート・ウッドに設計させたものである。そして1931年にデトロイト航空機社が倒産し、ウッドはコンソリデーテッド社に移り、YP-24の改良型Y1P-25を設計、それがP-30（後にPB-2と改称）として生産されることになる。その後バルティーは自分の会社を設立したが、1938年に飛行機事故で死去し、会社はコンソリデーテッドと合併することになり、ウッドはさらにベル社に移ってXFM-1、そしてXP-39を手掛けたのだから、因縁がずっとつながっているようでおもしろい。

ともあれ、親会社の倒産により裁判所の管理下にあったロッキード社を事業家ボブ・グロスなどが買い取り、新たに設計部長として迎えたのがヒバード。新規に開発することにした双発輸送機エレクトラの風洞試験を依頼したミシガン大学で働いていたのがジョンソンで、的確に設計の問題点を指摘したのに感心されて引き抜かれた。だからYP-24にはまったく関与していなかったわけで、また当時働いていた技術者は1人も残っていなかった。

XFM-2の設計研究で戦闘機に対する勉強はしたものの、実際の開発について経験のないことが、発想に自由さをもたらし、ライトニングのユニークなスタイルに結実したと考えることもできよう。しかし、実用化までにかなりの年月がかかった原因のひとつだとも思える。

発展の経緯については後で詳しく触れるが、原型機XP-38が1939年1月に初飛行しているのに、最初の実用型といえるP-38Eの引き渡し開始は2年半以上後の1941年10月で、P-38F/G/Hという型の後、本格的な改良型であるP-38Jを送り出したのが1943年8月、そして最終発展型のP-38Lの引き渡し開始が1944年6月。もう少し生産・発展のテンポが速ければ活躍の度合いが違ったはずだ。

その間に装備したエンジンの出力は離昇出力で比較すると300hp、高空での出力となると600hpも増加しているのだが、最大速度の増加はほんのわずかでしかない。当時まだ理解が不足していた空気の圧縮性の問題にぶつかり、P-38の主翼では大幅な速度の向上は果たせなかったのだ。れでもP-38は出現したときには世界最速の戦闘機であり、大戦後期になってもその速度性能は敵にあまり見劣りしなかった。そして双発なので格闘戦には向いていなかったが、速度や非常に優れた上昇性能を生かせば、対戦闘機でも勝機をつかめた。

そして増槽の搭載により大幅に向上した航続性能がP-38に活躍の場をもたらした。大戦後期にエンジンをマーリンに換えるとともに燃料搭載量を増したP-51BムスタングがP-38に匹敵する航続距離を持つようになるが、双発のP-38には片方が停止しても飛べるという安心感があった。

そして増槽を付けるパイロンを爆弾搭載に利用すれば、P-38は強力な戦闘爆撃機となった。第二次大戦の戦闘機のなかでP-38の爆弾搭載量はトップに位置する。

速度と重武装を追求したレシプロ双発の単座戦闘機は何機か開発されているが、そのなかで量産されたのはP-38だけだった。基本的な欠点をもち、さまざまな問題への対応に悩みながらも、大戦全期を通じて生産され、その総数が約1万機に達したP-38の軌跡をたどってみよう。

## 原型機が墜ちた!

前述のようにXP-38の試作契約が与えられたのは1937年6月で、それから約1年半後の1939年1月に機体が完成し、マーチ・フィールドに運び込まれた。P-51ムスタングが開発のスタートから半年足らずで原型機の初飛行にこぎつけたことはあまりにも有名だが、それにはP-38よりずっとシンプルな単発ということや、短期間での開発が契約の条件に含まれ、昼夜を問わぬ突貫作業がなされたことが大きく影響して

1941年12月、NACA（NASAの前身）ラングレイ研究所の巨大な30×60ft（9.1×18.2m）風洞で空気抵抗減少の可能性を調べられているYP-38。内翼の弦長を増し、前縁を前進させた形状にされている。

Photo : NASA

いる。XP-38の場合はヨーロッパの情勢があやしくなっていたとはいえ、完成をせかされたわけではなく、1年半というのは並のペースで、XP-39もやはり同程度の期間を要している。

その飛行テストには、当時ロッキードにはXP-38のような高速機を担当できるテストパイロットがいなかったので、陸軍航空軍の新型戦闘機計画のプロジェクト・オフィサーだったベンジャミン・ケルシー中尉が当たることになった。中尉とはいえ、「近ごろの将軍よりも権威があった」と関係者が回想しているように、XP-38やXP-39計画を推進した生みの親ともいえる人物である。

まず地上滑走テストを行なったが、主脚のブレーキの効きが悪く、滑走路を飛び出して溝にはまるという事故が起きた。幸いにも損傷はなく、1月27日に初飛行が行なわれたが、このときは墜落につながりかねない故障が生じた。XP-38は着陸速度を低めるためにファウラー・フラップを装備し、離陸時にも少し下げるようになっていたが、離陸直後に激しく振動しだしたのである。フラップを支える4本のロッドのうち3本が折れ、フラップがだらりと下がったためで、いつちぎれるか分からなかったが、ケルシーは沈着に操縦して無事に着陸させることに成功した。

この後2～6回目までのテスト飛行はたいしたトラブルがなく、その高性能を確信したケルシーは大陸横断飛行の記録を作り、陸軍の新鋭戦闘機の能力を世に示すことを提案して、上層部の許可を獲得した。まだテスト中の機体でそのようなことをやるのは無謀なようだが、当時は陸軍のなかで航空軍が占める地位は低く、予算の獲得が思うようにはいっていなかったので、機会があれば存在をPRする必要があったのだ。

2月11日に行なわれたこの飛行は、カリフォルニア州のマーチ・フィールドを飛び立ち、アマリロとライト・フィールドで給油を行ない、目的地のニューヨーク州のミッチェル・フィールドまで7時間ちょっとの飛行時間で到達したのはいいが（ハワード・ヒューズがH-1レーサーで樹立していた記録を30分近く短縮する）、着陸アプローチ時にエンジンのパワーが落ち、飛行場の近くに胴体着陸することになった。幸いケルシー中尉は無事で、戦闘機がレーサーに勝る記録を作り、そして墜落と、新聞の大見出しを飾ったが、たった1機しかないXP-38が修復不能なまでに壊れてしまった。

B-17の原型機モデル299もまだテストが完了していない段階で墜落したが、そのあと実用評価型の発注を受けたように、この場合もその性能がほぼ確認できたとされ、XP-38の喪失から2ヵ月半後の1939年4月27日には13機のYP-38が発注された。XP-38が存在していても、YP-38の発注時期はそのあたりになったと思われ、事故が計画の進行にそれほど大きな影響を与えなかったという見方もあるが、まだ明らかになっていなかったP-38の空力的な問題への対処が遅れる原因になったことは確かであろう。

なお、双発のXP-38と単発のXP-39を比較して、よい方を採用するという当初の構想は崩され、ヨーロッパで戦雲が濃くなってきていたので、とにかく新型戦闘機を多数そろえるという方向に転じていた。すなわち、4月6日にXP-39が初飛行した1週間後には13機のYP-39が発注され、またP-36AにV-1710エンジンを搭載したXP-40に対しても、YP-38発注の前日に524機という大量発注がなされたのである。

## かなりの変更を加えたYP-38

実用テスト用のYP-38にはかなりの設計変更が加えられた。その第一はエンジンで、XP-38が搭載したV-1710-11/15は中心線に減速ギアを付けた形式だったが、それではパワーの増加に限界が見えていたので、アリソンでは強度の高い減速ギアを付ける型（クランクシャフトは中心線より少し高い位置になった）を開発しており、YP-38に搭載したV-1710-27/29の出力はXP-38のものと同じ1,150hpだったが、そのあと出力の増加がなされることになっていた。なお、P-38はエンジンのトルクによる影響をなくすため、左右の回転方向を逆にし、XP-38では左側に右回りの-11、右側に左回りの-15を搭載したが（つまりプロペラは内側に回転する）、YP-38では外側に回転するようにした。

それにともないカウリングの形状が変わった。横から見たときXP-38ではカウリングの上下が対称だったが、YP-38では上面がより平らになった。そしてXP-38では下面に引き込み式の滑油冷却器用空気取り入れ口を付けていたが、予想より抵抗が大きいことが分かったので、YP-38では下面前方にそれより抵抗の少ない固定式の口を設けた。また、ブームに収容しているエンジン用冷却器は能力を増し、両側面の空気取り入れ口を大型化。ターボ過給機の排気口が過給機の前方にあったのを、YP-38では後方に移した。

水平尾翼の幅が少し延ばされたのは、XP-38のテストで縦の安定がやや悪いと報告されたのに対応したもので、昇降舵には内部にマスバランスを積んでいたが、バフェット対策として外部にマスバランスを付けた。

Photo : USAF
P-38-LOの1機は左側ブームにコクピットを追加、こうした配置の乗員への影響の0研究に用いられた。

こうした外形から分かる変化に加え、構造にも多数の設計変更が加えられた。原型機XP-38は手作りで、生産性を考慮した設計になっていなかったので、YP-38では一体構造だった主翼やブームを分割して作れるようにしたり、鍛造品の使用や、パーツの機械加工といったことも考えて設計を変更する必要があったのだ。また、こうした機体は最初の試作機より装備の追加により自重が増加するのが普通だが、YP-38の場合はXP-38よりいくらか減少しており、重量軽減の努力の跡もうかがえる。ただ、当時ロッキード社では実用型の生産発注が獲得できたにしても、航空隊の主力となるのは単発戦闘機で、高価なP-38の調達数はさほど多くはならないと考えていたというから、生産性への配慮が徹底したとは思えない。

ともあれ、YP-38の完成にはXP-38と同様に1年半近い期間を要し、その1号機が初飛行したのは1940年9月17日のことだった。そして、その3日後には生産型P-38に66機の生産発注（後述のようにP-38、XP-38、P-38Dとして完成）を受け、翌1940年4月には英仏合同調達委員会から667機、8月には陸軍から410機の追加発注を受けて、予想をはるかに超える量産に突入することになる。

## 実用戦闘機に向かって

66機発注された生産型のうち、最初の29機はP-38として作られた。いろいろな型を総合したP-38という呼び方と紛らわしいので、P-38-LOと書かれたりもするが、製造工場を示す「LO」のような記号が機体に書かれる名称に追加されるようになったのは、型のうちの細かな変化を示すのにダッシュ番号が使われるようになってから。P-38-LOは正しい表記ではないわけだが、混同を避けるのに便利だから、ここでは使うことにしよう。

P-38-LOは基本的にYP-38と大きく変わらず、エンジンも同じである。装甲板、風防部への防弾ガラス追加、夜間飛行用の計器板の照明など、実用機として装備を付けたのと、武装を変更したのが主な違いである。

Photo : NATIONAL ARCHIVES

燃料タンクを自動防漏式に変更し、実用戦闘機としての形態を整えつつあったP-38D。その外形はP-38Hまでほとんど変わっていない。

武装は機関銃に加えて大口径の機関砲を搭載する方針だったが、XP-38の開発がスタートしたときにはまだ確定しておらず、25mm機関砲（アメリカでは生産しておらず、外国から購入するにしても旧式なものしかなかった)、デンマークのマドセン23mm機関砲、米陸軍が開発していた23mm機関砲T1（結局実用にならなかった）などを検討した後、YP-38ではXP-39がプロペラ軸に組み込むことにしていたのと同じ37mm機関砲1門と、12.7mmおよび7.62mm機関銃を各2挺搭載することにされた。ただ、YP-38ではほとんどの機体が武装を付けない状態でテストされ、完全に武装を施して試射を行なったのは1機だけしか知られていない。

そしてP-38-LOでは37mm 1門と12.7mm 4挺に武装が変更されたが、P-38Dでは37mmの替わりに20mm機関砲を装備することになり、それがその後の標準となった。

なお、P-38-LOの1機は後に左側ブームのターボ過給機を外したところに座席を設け、機軸から離れた位置にある座席が乗員にどのような影響を与えるかという航空医学の研究に使われた。

また、P-38-LOの30号機にあたる機体はXP-38Aとして、計画がスタートしていたXP-49戦闘機用の与圧キャビンをテストするのに充てられた。

66機の発注機のうち、最後の36機はP-38Dとなった。途中のP-38BとCが存在しないわけで、その理由を米陸軍航空隊では実戦に使えるようにした型にはDの記号をつけることにしたためとする説があるが、ほかに記号を飛ばしてDとされた軍用機がまったくないので、信じがたい。1939年11月と12月にロッキード社が提案した型にBとCの記号があてられ、それらが具体化しなかったので、XP-38Aの後にP-38Dが続いたという説の方が説得力に富む。

このP-38Dでの大きな変更は、燃料タンクを自動防漏(セルフシーリング)式にしたことで、そのため容量が410gal（1,552ℓ）から300gal（1,136ℓ）へと大幅に減少した。そのほか、コンパクトだが被弾したときの危険が大きい高圧式酸素システムを低圧のものに換えている。

また、別稿で鳥養氏が詳しく解説しているように、水平尾翼に発生するバフェットへの対策として、P-38Dの途中から主翼付け根前縁部にフィレットが追加されるようになった。

## イギリス向けのライトニング

前述のように1940年4月には英仏から667機もの大量発注がなされた。前年9月に始まったドイツとの戦争に新型機を多数必要としたからだが、その発注機はターボ過給機なしのV-1710-15を積み、プロペラの逆回転もやらないことにされた。性能が少し落ち、操縦もやや難しくなるが、両国の空軍はP-40の輸出型H-81Aを購入しており、それと同じエンジンの方が整備や補給などで有益だと考えたのである。

同年6月にフランスがドイツに占領されたが、イギリスは667機の発注分をすべて引き受けることにして、最初の143機は予定した型のままだが、後の524機はターボ過給機付きにするよう契約を改訂し、それらをライトニングⅠとⅡと呼んだ。

結局、英空軍は３機のライトニングⅠをテストしただけで契約をキャンセルしたが、生産段階にあった機体は米陸軍が喜んで引き取り、140機のライトニングⅠをP-322（ロッキードのモデル番号が322だったから）の名で訓練用（そのため武装は12.7㎜と7.62㎜各２挺にとどめた）に使用した。そのうち20機はもとのまま同方向にプロペラが回転するエンジンを付けたが、残りの120機には逆回転エンジンを搭載させた。

ターボ過給機付きライトニングⅡの方は、１機だけ完成していた機体はロッキード社が各種のテストに用い、生産準備がなされていた523機のうち28機は米陸軍向けのP-38F-13、121機はP-38F-15、174機はP-38G-13、200機はP-38G-15として完成した。

米陸軍もヨーロッパで戦争が始まると新型機の増強に努め、調達予算が以前より潤沢になっていたが、410機という大量発注が可能になったのは1940年８月のことで、それより４ヵ月先行して量産態勢への移行がスタートしていたライトニングは、1941年12月の真珠湾攻撃により第二次世界大戦に入った米陸軍にとって、ありがたい存在となったのである。

Photo : U. S. ARMY

英空軍が発注をキャンセルしたライトニングⅠは米陸軍が引き取り、P-322の名で訓練に使用した。発注時には同一方向にプロペラを回すことにされていたが、米陸軍では通常のP-38と同様に逆回転にさせた。

そして、英空軍がつけた「ライトニング」という名称が気に入ったロッキード社は、それをP-38の愛称として用いるようになった。

なお、ドイツ軍がP-38を「ガベルシュヴァンツトイフェル（双尾の悪魔）」と呼んだという話が蔓延しているが、これは間違いだと思う。敵方を恐れるような通称をつけるというのは常識では考えられないことで、そしてドイツで書かれた本などで「双尾の悪魔」の名を目にしたことがない。それではどうしてそういう話が生まれたのか？　北アフリカ戦線でその名がつけられたということだが、P-38の地上攻撃にさらされて怖い思いをし、その後捕虜になったあるドイツ兵が、尋問されたときにP-38の正式名を知らず、「尾翼が２つある悪魔のような奴」といった形容を用いたことが、報道班員か誰かの耳に入り、このようにP-38は恐れられているというニュースを流し、それがドイツの全軍で呼び名として使われたという誤解をもたらした、といった経緯しか想像できないが、いかがなものだろう。なによりも、P-38だけにそのような呼び名を用いるというのがおかしく、P-51やP-47、B-17にドイツ側がなんらかの呼び名を用いたという話は聞いたことがない。

## P-38各型データ

| | XP-38 | YP-38 | P-38 | ライトニングⅠ（P-322） | P-38D | P-38E | P-38F | P-38G | P-38H | P-38J | P-38L |
|---|---|---|---|---|---|---|---|---|---|---|---|
| 全幅 | 15.85m | 15.85m | 15.85m | 15.85m | 15.85m | 15.85m | 15.85m | 15.85m | 15.85m | 15.85m | 15.85m |
| 全長 | 11.53m | 11.53m | 11.53m | 11.53m | 11.53m | 11.53m | 11.53m | 11.53m | 11.53m | 11.53m | 11.53m |
| 全高 | 2.90m | 3.00m | 3.00m | 3.00m | 3.00m | 3.00m | 3.00m | 3.00m | 3.00m | 3.00m | 3.00m |
| 翼面積 | 30.4㎡ | 30.4㎡ | 30.4㎡ | 30.4㎡ | 30.4㎡ | 30.4㎡ | 30.4㎡ | 30.4㎡ | 30.4㎡ | 30.4㎡ | 30.4㎡ |
| 発動機 | V-1710-11/15 | V-1710-27/29 | V-1710-27/29 | V-1710-15 | V-1710-27/29 | V-1710-27/29 | V-1710-49/53 | V-1710-51/55 | V-1710-89/91 | V-1710-89/91 | V-1710-111/113 |
| 離昇出力 | 1,150hp | 1,150hp | 1,150hp | 1,090hp | 1,150hp | 1,150hp | 1,325hp | 1,325hp | 1,425hp | 1,425hp | 1,425hp |
| 高空での出力 | 1,000hp/6,100m | | | | | | 1,150hp/7,600m | 1,150hp/7,600m | 1,240hp/8,200m | 1,600hp/8,200m | 1,600hp 8,700m |
| 自重 | 5,220kg | 5,067kg | 5,294kg | 5,418kg | 5,343kg | 5,563kg | 5,563kg | 5,534kg | 5,616kg | 5,797kg | 5,806kg |
| 総重量 | 6,334kg | 6,124kg | 6,431kg | 6,562kg | 6,543kg | 6,543kg | 7,212kg | 7,167kg | 7,394kg | 7,938kg | 7,938kg |
| 最大離陸重量 | 6,993kg | 6,508kg | 6,958kg | | 7,053kg | 7,023kg | 8,165kg | 8,981kg | 9,208kg | 9,798kg | 9,798kg |
| 燃料容量 | 1,514ℓ | 1,552ℓ | 1,552ℓ | 1,136ℓ | 1,136ℓ | 1,136ℓ | 1,136ℓ | 1,136ℓ | 1,136ℓ | 1,552ℓ | 1,552ℓ |
| 最大速度/高度 | 665km/h/(6,100m) | 652km/h/6,100m) | 636km/h/6,100m | 575km/h | 628km/h/6,100m) | 636km/h/6,100m | 636km/h/6,100m | 644km/h/7,600m | 647km/h 7,600m | 666km/h/7,600m | 666km/h/7,600m |
| 上昇率 | 6,100mまで6.5分 | 6,100mまで6.0分 | | | 6,100mまで8.0分 | 6,100mまで8.0分 | 6,100mまで8.8分 | 6,100mまで8.5分 | 6,100mまで6.5分 | 6,100mまで7.0分 | 6,100mまで7.0分 |
| 実用上昇限度 | 11,580m | 11,580m | | 12,200m | 11,890m | 11,890m | 11,890m | 11,890m | 12,200m | 13,400m | 13,400m |
| 航続距離 | 2,237km | 1,851km | 2,442km | | 1,590km | 1,570km | 3,098km/増槽使用 | 3,862km/増槽使用 | 3,862km/増槽使用 | 4,184km/増槽使用 | 4,184km/増槽使用 |
| 武装 | なし | 37㎜×1、12.7㎜×2、7.62㎜×2 | 37㎜×1、12.7㎜×4 | 20㎜×1、12.7㎜×4 | 20㎜×1、12.7㎜×4 | 20㎜×1、12.7㎜×4 | 20㎜×1、12.7㎜×4 | 20㎜×1、12.7㎜×4 | 20㎜×1、12.7㎜×4 | 20㎜×1、12.7㎜×4 | 20㎜×1、12.7㎜×4 |
| 備考 | | | | | | | | | | 高空での出力は戦闘緊急出力 | 高空での出力は戦闘緊急出力 |

## いよいよ実戦に参加

1940年８月に米陸軍が発注した410機はP-38EおよびP-38Fとなり、それらの一部が写真偵察型のF-4、F-4A、F-5、F-5Aとして完成した。この410機をこれまで大量発注と呼んできたが、戦争が始まるとさらにまとまった機数が発注されるようになる。

210機作られたP-38Eは、前述のように標準となった武装を施し、前脚のストラットの設計を変えて収容室の長さを少し短くし、電気や油圧システムの手直しを行ない、通信機や計器も前よりいいものを搭載し、左翼下面に引き込み式の着陸灯を追加した型で、実戦に使えるような装備を整えた。それでも一部が戦場に送られただけで、主に訓練に用いられたのは、そのすぐ後を追ってP-38Fの生産が進められていたからである。またP-38は米陸軍では唯一の双発戦闘機で、乗員の養成が単発機のようには簡単にいかず、多くの訓練用機を必要としたことも事実である。

P-38-LOからP-38Eまでは同じエンジンを使用していたが、P-38Fはパワーアップして1,325hpになったV-1710-49/53を搭載した。そしてこのP-38Fから、細かい変更に応じたブロックナンバーと製造工場を示す「LO」という記号がつけられるようになった。P-38の場合、他社でも生産したのは後期のP-38Lの一部だけなので、それ以外は「LO」を省くことにするが、最初のP-38Fに続くP-38F-1から内翼部の下面にパイロンが付けられ、増槽あるいは爆弾が搭載できるようになった。増槽は単発戦闘機も使用した陸軍の標準型75gal（284ℓ）タンクでは物足りず、ロッキード社が設計した165gal（625ℓ）タンクが主に使われた。これは150gal（568ℓ）タンクと書かれている場合もあるが、それをおおまかに150gal級といった感じで用いられたもので、フライトマニュアルでは165galとしている。

P-38F-5はそれまで左翼下面にだけあった着陸灯を右翼にも追加、砂漠での運用に対応した装備を付け、識別灯を加えている。P-38F-10は変更点が定かでないが、F型の生産途中からそれまで横開き式だったキャノピーを後方に開くようにしたことを反映しているのかも知れない。P-38F-13と-15はイギリスの発注分を受け継いだもので、そのうちの-15からフラップを下げて運動性を高める空戦フラップの機構も盛り込まれた。

これらを合わせたP-38Fシリーズの生産数は527機に達し、本格的に戦闘に投入されたが、次のP-38Gは1,082機生産された。P-38Gが搭載したV-1710-49/53はF型のものと出力は同じだが、コントロール系統が改善されていた。また、酸素系統が改良され、信頼性を高めた通信機を搭載。そのP-38G-1に続く-3はターボ過給機にB-13を使用、P-38G-5は計器板を改良、P-38G-10からはパイロンの容量が増加され、300gal（1,136ℓ）タンクや2,000ℓb（907kg）爆弾が搭載可能になった。P-38G-13および-15は-3と-5に相当する英空軍発注分からの転用機である。

P-38Hは1,450hpのV-1710-89/91を搭載し、それまでの型がエンジン関連のトラブルで悩んだのに対応して、エンジン冷却器と滑油冷却器のシャッターの作動を自動化し、P-38H-5ではターボ過給機を改良型のB-33とした。生産数は計601機。

**P-38ファミリーの生産数**

| 型 | 生産数（カッコの中は改造数） | 引き渡し時期 |
|---|---|---|
| XP-38 | 1 | 1939.2 |
| YP-38 | 13 | 1940.9/1941.5 |
| P-38 | 29 | 1941.6/1941.8 |
| XP-38A | 1 | 1941.8 |
| P-38D | 36 | 1941.8/1941.10 |
| P-38E | 210 | 1941.10/1942.2 |
| ライトニングI（P-322） | 143 | 1942.2/1942.4 |
| P-38F | 126 | 1942.3/1942.5 |
| P-38F-1 | 151 | 1942.5/1942.6 |
| P-38F-5 | 100 | 1942.6/1942.7 |
| P-38F-13 | 29 | 1942.7 |
| P-38F-15 | 121 | 1942.8/1942.9 |
| P-38G-1 | 80 | 1942.9 |
| P-38G-3 | 12 | 1942.9 |
| P-38G-5 | 68 | 1942.9/1942.10 |
| P-38G-10 | 548 | 1942.10/1943.2 |
| P-38G-13 | 174 | 1942.11/1943.1 |
| P-38G-15 | 200 | 1943.2/1943.4 |
| P-38H-1 | 226 | 1943.4/1943.6 |
| P-38H-5 | 375 | 1943.6/1943.8 |
| P-38J-1 | 10 | 1943.8 |
| P-38J-5 | 210 | 1943.8/1943.9 |
| P-38J-10 | 790 | 1943.10/1943.12 |
| P-38J-15 | 1,400 | 1944.1/1944.5 |
| P-38J-20 | 350 | 1944.5/1944.6 |
| P-38J-25 | 210 | 1944.5/1944.6 |
| P-38K-1 | 1 | 1943.9 |
| P-38L-1 | 1,291 | 1944.6/1944.9 |
| P-38L-5 | 2,520 | 1944.9/1945.8 |
| P-38L-5-VN | 113 | 1945.1/1945.6 |
| P-38M-6 | [75] | P-38L-5から改造 |
| F-4-1 | 99 | 1941.10/1942.2 |
| F-4A-1 | 20 | 1942.3 |
| F-5A-1 | 20 | 1942.6 |
| F-5A-2 | 1 | 1942.1 |
| F-5A-3 | 20 | 1942.9 |
| F-5A-10 | 140 | 1942.11/1943.2 |
| F-5B-1 | 200 | 1943.9/1944.1 |
| F-5C-1 | [123] | P-38Jから改造 |
| XF-5D | [1] | F-5A-10から改造 |
| F-5E-2 | [166] | P-38Jから改造 |
| F-5E-3 | [105] | P-38Jから改造 |
| F-5E-4 | [508] | P-38Lから改造 |
| F-5F | [改造数不明] | P-38Lから改造 |
| F-5F-3 | [改造数不明] | P-38Lから改造 |
| F-5G-6 | [63] | P-38L-5から改造 |

## やっと真の実用型が

P-38Hまでの型は、改善の努力がなされてはいたものの、エンジン関係のトラブルが多発し、その原因のひとつはターボ過給機からエンジンの気化器に送る空気を途中で冷却するのに、外翼の前縁部にその冷却器を組み込むと

Photo : NATIONAL ARCHIVES

外翼前縁に収容していたターボ過給機の中間冷却器をエンジン下面に移したP-38J。そのためカウリングはカーチスP-40の後期型に似たかたちになった。

いう設計をとったことにあった。パイプのどこかに漏れが生じるなどのトラブルを発生したうえ、その冷却能力がエンジンのパワーの増加に対応できず、高空での出力を制限することになったのである。

それを解決するため、P-38Jでは一般的な形式の中間冷却器をエンジンナセルの下側に滑油冷却器と並ぶかたちで収容した。それによりP-38Hと装備エンジンは同じだが、高空で1,240hpに制限されていた出力を1,425hpにすることができ、戦闘時緊急出力としては1,600hpも可能になった。この中間冷却器の配置変更によりエンジンのカウリングは大きくなり、抵抗が少し増加したが、エンジンの能力をフルに発揮できるようになったほかに、もうひとつのメリットがあった。

中間冷却器がなくなった外翼部の前縁にそれぞれ55gal（208ℓ）の燃料タンクを設けることができたのである。燃料タンクを自動防漏式に変更したとき、減ってしまった機内燃料容量をそれでもとに戻せたわけで、P-38Gから使い出した300gal大型増槽を利用すればきわめて長い距離を飛行できた。

P-38J-1とされた最初の10機は新しい冷却器配置のテスト用で、外翼前縁への燃料タンク組み込みはなされず、燃料増加はP-38J-5からで、P-38J-10ではそれまで丸みを帯びた前方風防の内側に防弾ガラスを付けていたのを、風防に平らな防弾ガラスをはめ込むようになった。P-38J-15は電気系統に手を加え、-20ではターボ過給機のレギュレーターを改良、P-38J-25では外翼下面にダイブフラップが追加されている。

これについても鳥養氏の解説を参照いただきたいが、P-38は高空で降下するとマッハ0.74あたりで比較的厚い主翼から衝撃波が発生し、機首を引き起こすことができなくなるという重大な問題を抱えていた。それを避けるには速度に注意するしかなかったが、ダイブフラップを使うと翼下面の空気の流れが変わり、大きな機首上げのモーメントを生じるので、タックアンダー状態から抜け出すことができた。

また、この-25からエルロンを油圧ブーストにより動かすようになった。単発戦闘機に比べると翼幅が大きく、そして質量の大きなエンジンなどを翼の半ばに付けたライトニングは、エルロンの操作に力が要り、ロール率も悪かった。ロールが早くできるかどうかは、空戦性能に大きな意味をもつが、それを機力操縦というハイテクにより改善したのである。戦闘機で機力操縦を採用したのは世界でこれが初めてである。

P-38Jは2,970機生産され、それと類似しているが1,600hpの戦闘時緊急出力や1,450hpのミリタリー出力を発揮できる高度を高めたV-1710-111/113を搭載したのがP-38Lで、P-38L-5は外翼下面に5inロケット弾5発を装着できるクリスマスツリー型のランチャーを追加して対地攻撃力を強化している。このP-38Lが最後の生産型となったが、ロッキードで3,810機作られ、またコンソリデーテッド・バルティー社でも2,000機の注文を受けて生産に入ったが、終戦により113機のP-38-5-VNを引き渡しただけで、残りはキャンセルされた。同様にロッキードも1,380機のキャンセルを受けている。

なお、JとLの間に位置するP-38Kは、ずっと使っていたカーチスのプロペラの替わりに、それよりブレードの幅が広く、直径も大きなハミルトン・スタンダードと、減速比を上げたV-1710-75/77エンジンを組み合わせることにより、高高度における性能を高めることを狙った型である。古いP-38Fをその組み合わせに改造した機体1機と、P-38K-1が1機作られてテストされたが、生産には移されなかった。

## ドループスヌートと夜戦型

P-38を改造した機体はいくつかあるが、おもしろいのは武装を外した機首にガラス張りの爆撃照準席を設けた「ドループスヌート」と呼ばれた機体だ。この機体が爆弾を搭載したP-38編隊を先導し、ノルデン爆撃照準器により狙いを定め、一斉に爆弾を投下するというアイデアから生み出された型で、P-38H改造機でのテストが行なわれた後、ロッキード社で23機のP-38Jがこの形態に改造され、さらに100機分の改造キットが戦地に送られた（それを実際に使用・改造した機数は不明）。

また、それに類似した改造型として、天候が悪いときにもP-38爆撃編隊を先導できるように、機首にAPS-15レーダーを搭載し、その後方にレーダー操作員が搭乗する「パスファインダー」もあった。P-38Jを改造したテスト機に続いて、P-38Lを改造した実用機がヨーロッパと地中海戦線に送られたが、改造機数は明らかでない。

Photo : USAF

機首先端にレーダーを搭載し、その後方に操作員を収容したP-38L改造のパスファインダー。天候の悪いときに爆弾を搭載したP-38編隊を率いるのがその任務であった。

レーダーを搭載したライトニングというと夜戦型もあった。太平洋方面の第５航空軍で1943年にP-38F（少なくとも２機）にSCR-540レーダー（八木アンテナを胴体側面や翼下などに装着）を搭載したのがその最初の試みで、P-38Jの翼下にAPS-4レーダーのポッドを付けるといった戦地における改造がなされた後、ロッキードが本格的な夜戦型P-38Mを開発した。

このP-38Mは機首下面にAPS-6レーダーポッドを吊り下げ、操縦席の後方にレーダー操作員席を設けた。P-38Lを改造したテスト機に続いて、75機をP-38Mに改造する発注がなされ、その実戦型１号機は1945年１月５日に初飛行して、部隊の訓練が進められたが、太平洋戦線に送られる前に終戦となってしまった。

## 偵察型のF-4とF-5

ライトニングはロッキード社で9,925機、コンソリデーテッド・バルティー社で113機、合計10,038機生産されたが、そのうち500機は写真偵察型として完成し、さらに1,000機以上が偵察型に改造されたと思われる。

ライトニングの偵察型だが、P-38EとFをベースにした初期の型はF-4、それ以降の型を転用したものはF-5と呼ばれた。細かな型の違いは各型の写真ページでほぼ述べており、写真なしに文字だけで説明しても無味乾燥な感じになるのでここでは触れないことにするが、1,500機以上もの偵察型が生み出されたのは、高速性能と大きな航続性能を備え、そして機首に何台ものカメラを搭載できるスペースがあり、偵察機として申し分のない特性があったからだ。

イギリスのデ・ハビランド・モスキートは爆撃機、地上攻撃機、偵察機、夜間戦闘機として活躍し、万能の傑作機といわれているが、ライトニングがこなした任務を並べれば戦闘機、地上攻撃機、偵察機、ドループスヌートを利用した爆撃機、それに実戦には間に合わなかったが夜間戦闘機といった具合になり、こちらも万能といっていい。

**P-38ファミリーのシリアルナンバー**

| シリアルナンバー | 型 | 機数 | 製造番号 |
|---|---|---|---|
| 37-457 | XP-38 | 1 | 22-2201 |
| 39-689/701 | YP-38 | 13 | 122-2202/2214 |
| 40-744/761 | P-38 | 18 | 122-2215/2232 |
| 40-762 | XP-38A | 1 | 622-2233 |
| 40-763/773 | P-38 | 11 | 222-2234/2244 |
| 40-774/809 | P-38D | 36 | 222-2245/2280 |
| 41-1983/2097 | P-38E | 115 | 222-5201/5315 |
| 41-2098/2099 | F-4-1 | 2 | 222-5316/5317 |
| 41-2100/2120 | P-38E | 21 | 222-5318/5338 |
| 41-2121/2156 | F-4-1 | 36 | 222-5339/5374 |
| 41-2157 | F-5A-2 | 1 | 222-5375 |
| 41-2158/2171 | F-4-1 | 14 | 222-5376/5389 |
| 41-2172 | P-38E | 1 | 222-5390 |
| 41-2173/2218 | F-4-1 | 46 | 222-5391/5436 |
| 41-2219 | P-38E | 1 | 222-5437 |
| 41-2220 | F-4-1 | 1 | 222-5438 |
| 41-2221/2292 | P-38E | 72 | 222-5439/5510 |
| 41-2293/2321 | P-38F | 29 | 222-5511/5539 |
| 41-2322 | P-38F-1 | 1 | 222-5540 |
| 41-2323/2358 | P-38F | 36 | 222-5541/5576 |
| 41-2359/2361 | P-38F-1 | 3 | 222-5577/5579 |
| 41-2362/2381 | F-4A-1 | 20 | 222-5580/5599 |
| 41-2382 | P-38F-1 | 1 | 222-5600 |
| 41-2383/2386 | P-38F | 4 | 222-5601/5604 |
| 41-2387 | P-38F-1 | 1 | 222-5605 |
| 41-2388/2392 | P-38F | 5 | 222-5606/5610 |
| 41-7484/7485 | P-38F-1 | 2 | 222-5611/5612 |
| 41-7486/7496 | P-38F | 11 | 222-5613/5623 |
| 41-7497 | P-38F-1 | 1 | 222-5624 |
| 41-7498/7513 | P-38F | 16 | 222-5625/5640 |
| 41-7514/7515 | P-38F-1 | 2 | 222-5641/5642 |
| 41-7516/7524 | P-38F | 9 | 222-5643/5651 |
| 41-7525 | P-38F-1 | 1 | 222-5652 |
| 41-7526/7530 | P-38F | 5 | 222-5653/5657 |
| 41-7531 | P-38F-1 | 1 | 222-5658 |
| 41-7532/7534 | P-38F | 3 | 222-5659/5661 |
| 41-7535 | P-38F-1 | 1 | 222-5662 |
| 41-7536/7538 | P-38F | 3 | 222-5663/5665 |
| 41-7539/7541 | P-38F-1 | 3 | 222-5666/5668 |
| 41-7542/7543 | P-38F | 2 | 222-5669/5670 |
| 41-7544 | P-38F-1 | 1 | 222-5671 |
| 41-7545 | P-38F | 1 | 222-5672 |
| 41-7546 | P-38F-1 | 1 | 222-5673 |
| 41-7547 | P-38F | 1 | 222-5674 |
| 41-7548/7550 | P-38F-1 | 3 | 222-5675/5677 |
| 41-7551 | P-38F | 1 | 222-5678 |
| 41-7552/7680 | P-38F-1 | 129 | 222-5679/5807 |
| 42-103979/104428 | P-38J-15 | 450 | 422-2813/3262 |
| 42-12567/12666 | P-38F-5 | 100 | 222-7001/7100 |
| 42-12667/12686 | F-5A-1 | 20 | 222-7101/7120 |
| 42-12687/12766 | P-38G-1 | 80 | 222-7121/7200 |
| 42-12767/12786 | F-5A-3 | 20 | 222-7201/7220 |
| 42-12787/12798 | P-38G-3 | 12 | 222-7221/7232 |
| 42-12799/12866 | P-38G-5 | 68 | 222-7233/7301 |
| 42-12867/12869 | P-38J-1 | 3 | 422-1001/1003 |
| 42-12870/12966 | P-38G-10 | 97 | 222-7305/7401 |
| 42-12967/12986 | F-5A-10 | 20 | 222-7402/7421 |
| 42-12987/13066 | P-38G-10 | 80 | 222-7422/7501 |
| 42-13067/13126 | F-5A-10 | 60 | 222-7502/7561 |
| 42-13127/13266 | P-38G-10 | 140 | 222-7562/7701 |
| 42-13267.13326 | F-5A-10 | 60 | 222-7702/7760 |
| 42-13327/13557 | P-38G-10 | 231 | 222-7761/7991 |
| 42-13558 | P-38K-1 | 1 | 422-1004 |
| 42-13559 | P-38H-1 | 226 | 422-1005 |
| 42-13560/13566 | P-38J-1 | 7 | 422-1006/1012 |
| 42-66502/66726 | P-38H-1 | 225 | 422-1013/1237 |
| 42-66727/67101 | P-38H-5 | 375 | 422-1238/1612 |
| 42-67102/67311 | P-38J-5 | 210 | 422-1613/1822 |
| 42-67312/67401 | F-5B-1 | 90 | 422-1823/1912 |
| 42-67402/68191 | P-38J-10 | 790 | 422-1913/2702 |
| 42-68192/68301 | F-5B-1 | 110 | 422-2703/2812 |
| 43-2035/2063 | P-38F-13 | 29 | 322-3144/3172 |
| 43-2064/2184 | P-38F-15 | 121 | 322-3173/3293 |
| 43-2185/2358 | P-38G-13 | 174 | 322-3294/3467 |
| 43-2359/2391 | P-38G-15 | 33 | 322-3468/3500 |
| 43-2392/2558 | P-38G-15 | 167 | 322-3502/3668 |
| 43-28248/29047 | P-38J-15 | 800 | 422-3263/4062 |
| 43-50339/52225 | P-38L-5-VN | 113 | 422-8583/9962 |
| 44-23059/23208 | P-38J-15 | 150 | 422-4063/4212 |
| 44-23209/23558 | P-38J-20 | 350 | 422-4213/4562 |
| 44-23559/23768 | P-38J-25 | 210 | 422-4563/4772 |
| 44-23769/25058 | P-38L-1 | 1,290 | 422-4773/6062 |
| 44-25059/27258 | P-38L-5 | 2,200 | 422-6063/8262 |
| 44-53008/53327 | P-38L-5 | 320 | 422-8263/8582 |
| AE978/AF220 | ライトニングI（P-322） | 143 | 322-3001/3143 |

# VARIANTS of P-38 LIGHTNING
## 各型写真解説

藤田勝啓
*Photo Caption : Katsuhiro FUJITA*

Photo : B-COLLECTION

⬆ ライトニングの原型１号機であるXP-38。その後に作られた増加試作型のYP-38とエンジンナセルの形状がかなり違うのは、クランクシャフトがエンジンの中心に配置されている型を搭載していたためで、鋭く尖ったスピナーを付けていることもあって、非常にシャープな感じになっている。カウリングの下面に突き出しているのは開閉式の滑油冷却器用空気取り入れ口。完成したばかりなので、まだ前脚収容部の扉が未装備で、また排気管部分のカバー（そこに冷却用の小さな空気取り入れ口も付く）も装着されていない。

⬇ 13機作られたYP-38はパワーを増したV-1710エンジンを搭載しており、その型ではクランクシャフトが中心線よりいくらか上に配置されていたので、カウリングの形状がかなり変わり、そして下面の滑油冷却器用空気取り入れ口は固定式になった。ブームの両側に付いていたエンジン冷却器用の空気取り入れ口はかなり大きくなり、またXP-38では垂直尾翼の外側に少し突き出した感じだった水平尾翼の幅が増加されている。

Photo : NASA

Photo : NATIONAL ARCHIVES

⬆ YP-38は製作にかなり手間取り、1号機が飛行したのは1940年9月だが、その1年前の1939年9月に米陸軍は66機の生産型を発注していた。そのうち29機は実用試験用のP-38として完成、1機はXP-38Aとされ、残る36機は自動防漏タンクや装甲板を装備してP-38Dとなった。この写真の機体はまだ機首に武装がないのでP-38だといわれているが、P-38Dも外形は同一で、武装を搭載せずに訓練に使われた機体もあるため、P-38だとは断定できない。

Photo : NATIONAL ARCHIVES

➡ XP-38Aはコクピットを与圧式にした試験機で、キャノピーの形状がP-38/P-38Dとは違っていることがこの写真で見てとれる。同機は当時ロッキード社が開発にかかっていた高高度戦闘機XP-49（P-38と基本的形態は同一だが、コンチネンタルが開発していた新型液冷エンジンを搭載）用の与圧キャビンのテストベッドであり、1942年5月～12月の間に30回ほどの飛行を行なった。

Photo : SMITHSONIAN INSTITUTION

⬅ 上方から見たP-38D。カラーページにあるP-38Eの似た角度の写真と比べれば分かるように、D型まではカウリングの上面（主翼の前縁より少し後方）に平たい空気取り入れ口が付いているが、E型からはターボ過給機冷却用の小さな取り入れ口が左右に2つ、その中央に暖房用の取り入れ口が設けられた。武装は予定された37㎜機関砲が間に合わず、12.7㎜機関銃4挺となっているが、その後の型では少し前後にずらして搭載したのに対し、並列に付けられている。P-38Dは一応防弾対策を施したりしていたものの、実戦に投入するには不充分と見なされ、実用試験や訓練に用いられた。

Photo : LOCKHEED

LIGHTNING I

⬆ 英空軍向けに作られたライトニングI。ターボ過給機を付けず、性能が劣化したので、英空軍はテストをしただけで発注をキャンセルしたが、生産が進められていた機体を米陸軍はP-322-Iの名で訓練用に用いた。搭載したエンジンはXP-38のようにクランクシャフトが中心線にある型で、米陸軍ではブームの側面（主翼後縁あたりの外側）に付けていた気化器用空気取り入れ口をカウリング上面に移していた。

Photo : USAF

P-38E

⬆ 最初の実戦型といえるのがP-38Eで、外形はP-38Dとあまり変わらないが、細かな設計変更は2,000ヵ所以上に達したという。この機体はまだ４挺の12.7mm機関銃しか搭載していないが、それに20mm機関砲１門を加えた形態がその後のライトニングの標準となった。機首の下に突き出しているのはピトー管で、次のＦ型からはその位置に無線機のアンテナを付け、ピトー管は左翼の下面に移した。

Photo : U. S. ARMY

P-38F

➡ ライトニングはP-38Dから燃料タンクを自動防漏式に改めたため、燃料搭載量がかなり減少した。それを補い、航続距離を延伸するため、P-38Fは内翼部の下面にパイロンを設け、増槽を搭載できるようにした。写真は1942年11月、連合軍の北アフリカ上陸作戦を支援するため、イギリスからアフリカに移動する途中、ジブラルタルに緊急着陸した第14戦闘航空群の所属機。ほかの機体は約８時間を費やして無着陸でアフリカまで飛行した。なお、後期のP-38F-15からはフラップが空戦にも使えるようにされた。

Photo : USAF

← P-38GはF型のものと出力は同じだが、コントロールを改善したエンジンを搭載、生産の途中からパイロンの許容重量を増して、増槽はそれまでの165gal(625ℓ)タンクより大型な300gal(1,136ℓ)タンクを携行できるようにされた。パイロンは爆弾の搭載にも利用され、F型では1,000℔（454kg）爆弾２発までだったのが、G型では2,000℔（908kg）爆弾２発となった。なお、後期のライトニングのなかにはこのパイロンの両脇の翼下面に小型爆弾が搭載できるラックを追加した機体もある。

↓ P-38HはF型やG型では1,350hpだったエンジンを1,450hpのものに変えたが、ターボ過給機の中間冷却器の能力が不足したので、そのパワーをフルには発揮できなかった。しかし、そのコントールを自動化したので、パイロットの負担は軽くなり、操作のミスによるエンジン関連の故障は減少することになった。外形でF型、G型、H型を判別するのは非常に難しいが、この機体はシリアルナンバーがはっきりと読み取れるのでP-38Hだと断言できる。

Photo : SMITHSONIAN INSTITUTION

↓ P-38HまでのライトニングはいろいろＩな問題を抱えていたが、そのひとつは外翼部の前縁にターボ過給機の中間冷却器を組み込むという特異な設計にあった。空気抵抗が少なく、防氷の役にも立つという利点があったものの、故障が多く、そして冷却能力が不足したのでエンジンのパワーに制約をもたらしたのである。それを解決するため、P-38Jは通常形式の中間冷却器をナセルの下面に付け、それまで中間冷却器があった外翼の前縁部に燃料タンクを増設した（初期の生産機には付けられなかったが）。また、生産の途中からエルロンを油圧で動かすようにされ、高空でのダイブ時に空気の圧縮性の問題にぶつかり、引き起こしが困難になるという欠点にもダイブフラップの追加により対応した。

Photo : USAF

Photo : B-COLLECTION

# P-38E Mod. (same as P-38K)

⬆ ライトニングはカーチスの電動調整定速プロペラを使用していたが、P-38Kはブレードの幅が広く、直径もいくらか大きいハミルトン・スタンダードの油圧調整プロペラを付け、エンジンもそれに合わせて減速比を増したものに変えた型で、性能は向上したが、カウリングの形状を変えねばならないので生産を阻害するとされ、1機だけの試作に終わった。写真はP-38Kに先立ち、古いP-38Eをその形態に改造した試験機で、P-38Kそのものの写真は1枚も発見されていない。

Photo : B-COLLECTION

# P-38L

➡ ライトニングの最終生産型となったP-38Lは、P-38Jと外形はほとんど変わらず、エンジンの基本出力も同じだが（ただし、高空で出せる出力が向上）、細かな改良をいろいろと加えており、後期の機体は外翼下面にロケット弾を搭載できるようになった。この写真でブームの外側の主翼中央あたりに白っぽく写っているのがダイブフラップ。約1万機生産されたライトニングのうち、P-38JとLがほぼ2/3を占める。

Photo : USAF

➡ P-38MはP-38Lを改造した複座の夜間戦闘機型。P-61ブラックウィドウより高速で、運動性も優れているため、改造計画がスタートしたが、部隊の訓練を行なっている段階で終戦になってしまった。レーダーを機首下面に付けたので、武装はそのまま踏襲できた。外翼の下面に突き出しているのはロケット弾のランチャーで、P-38Lからそのまま受け継いだわけだが、夜間の空戦にロケット弾を使うつもりではなく、夜間に対地攻撃を行なうこともあると考えたのだろう。

Photo : B-COLLECTION

⬅ P-38は対地攻撃にも多用されたが、その大きな爆弾搭載能力を生かし、編隊による水平爆撃も行なった。その先導機として使われたのが、武装を外して機首にノルデン爆撃照準機を操作する爆撃手席を設けた改造機で、正式な型の名称はなく、通称はドループスヌート。この機体が合図を出したら編隊が一斉に爆弾を投下するという寸法で、低空に舞い降りて攻撃するよりも対空火器による損害は少なかったが、爆撃の精度はさほどでもなく、常用されるには至らなかった。

Photo : USAF

➡ 天候が悪いときや夜間にもP-38による編隊爆撃ができるように、機首にマッピングレーダーとその操作員を収容する改造機も作られ、パスファインダーと呼ばれた。ただ、ヨーロッパ戦線のいくつかのP-38部隊に送られたものの、あまり使用されずに終わった。なお、先端が曇りガラスで覆われているようにも見えるが、当時のレドームに使われた材料が半透明のものだったのだ。それはP-61ブラックウィドウでも同様で、レドームが白っぽく見えるのは半透明材料で作られたものであり、逆光状態だと内部のレーダーアンテナが透けて見える。

⬆ ライトニングは戦闘機としてだけでなく、偵察機としても非常に大きな役割を果たした。大戦に加わったとき米陸軍には実戦で使えるような偵察機がまったくなかったので、P-38Eとして発注されていた機体のうち99機が偵察型のF-4とされ、P-38F、Gの発注分のなかからも偵察型に振り分けれる機体があった。写真は最初の偵察型であるF-4で、機首の武装を外して垂直撮影用のカメラ４台を搭載している。P-38Fをベースにした型はF-4Aと呼ばれ、同機では垂直撮影だけでなく、斜め撮影用にもカメラを積めるようになった。

Photo : USAF

⬇ 北アフリカに展開した第５写真偵察飛行隊のF-5Aで、P-38Gの生産ラインから抜き出されて偵察型とされたもの。側面にあるひしゃげた台形のカメラ窓が目立つが（それに対応する右舷側の窓はもっと低い位置にある）、その下方にも窓があり、下面には３つの窓が並んでいる。それらを利用して目標に応じたカメラとレンズの組み合わせを選ぶわけだが、使わない窓を塞いだり、形状を変更することもあった。

Photo : USAF

# F-5B

Photo : USAF

⬆ P-38JをベースにしたF-5Bで、カメラ窓の配置はF-5Aとほぼ同じ。カメラ装備だけでなく、戦闘機型にはないスペリーの自動操縦装置を搭載しており、15分まで手放しで飛行できるとされていたが、実際には信頼性が低く、ちょっと飛行するうちに針路から外れたり、降下することがあったので、それに頼るパイロットは少なかったという。なお、ロッキード社の工場で生産した偵察型はこのF-5Bまでで、その後は完成した戦闘機が改造センターに送られ、そこで偵察型にされた。

⬇ イギリスの飛行場から飛び立つF-5Cで、この型もP-38Jがベースになっているが、カメラ窓は下面に２つだけとなっている。改造キットにより戦地でも改造できるように、手を加える部分を最小限にとどめ、垂直写真専用として使用したのだろう。ごく初期は別にして、偵察部隊ではいくつかの型を併用し、任務に応じて使い分けていた。なお、戦闘機型では機首下面に付けていたアンテナを、偵察型では撮影の邪魔になるので機首上面に移している。

Photo : USAF

# F-5C

Photo : B-COLLECTION

## F-5E

⬅ F-5Eはカメラ窓を側面に各1、下面に2の計4個としているが、側面のものは機首の表面より少し突き出したかたちにして前後にフェアリングを付けている。細かく分けるとF-5Eには3つの型があり、F-5E-2はP-38Jの初期の機体からの改造で、F-5E-3はエルロンの油圧ブーストやダイブフラップの追加を行なったP-88J-25からの改造。もうひとつのF-5E-4はP-38Lからの改造で、偵察型のなかではこの型の機数がもっとも多く、500機以上に達したようだ。写真の機体がそのどれに当たるのかは、判定のしようがない。

⬇ P-38Lから改造されたF-5Fは機首下面に前方撮影用の張り出し部を設けてカメラ窓を5個にしていたが、同じくP-38Lから改造されたこのF-5Gは、それまでの偵察型が戦闘機型の機首のラインを残して先細りの形状にしていたのに対し、平行部分が長いずんぐりしたかたちに改め、側面に各1、下面に2、そして先端に1の計5個のカメラ窓をもつ。写真は終戦から間もない時期に日本の上空を飛行する第8写真偵察飛行隊のF-5G。

## F-5G

Photo : Charles M. DANIELS Jr.

# XP-49

Photo : USAF

⬆ 最後に名称はP-38とは異なるが、その血を受け継いだ２種の試作戦闘機を紹介しておこう。XP-49はP-38の基本形態に新型エンジンを組み合わせることで性能の向上を図ったが、当初に予定したP&Wの24気筒エンジンX-1800が流産したので、P-38のV-1710と同程度の出力だが、かなり小型なコンチネンタルのXIV-1430を使用することになった。だが、1942年に完成したXP-49の性能は期待外れで、予定された与圧キャビンや武装（20㎜×２、12.7㎜×４）が取り付けられることもなく、計画は放棄された。

⬇ P-38をスケールアップした形態のXP-58は、ドイツのBf 110のような複座の多用途長距離戦闘機として構想されたが、予定したエンジンが二転三転し、最終的にV-1710を２基組み合わせたV-3420の双発となった。1944年６月に飛行したXP-58は最大離陸重量がP-38のほぼ２倍という、大戦時に完成した戦闘機のなかでは超ヘビーな機体となり、武装も機首に37㎜機関砲４門、そして12.7㎜機関銃２挺の旋回砲塔を備えるという凄いものだったが、これも試作だけにとどめられる運命をたどった。

# XP-58

Photo : USAF

# プロペラ双発戦闘機の設計思想の変遷とその技術的背景

## コンソリデーテッドPB-2からロッキードP-38ライトニングへ

解説：鳥養鶴雄

### はじめに…

軍用機開発の鍵を握るのは、**将来航空戦のシナリオ**である。いつ、どこで、どのような脅威に、どのように対処するのか。それが明確でなければ、最新の科学と航空技術を活用する戦闘機を創り出すことはできない。

1930年代に、航空技術は目まぐるしく進歩したが、進歩の方向を視認できず、将来航空戦のシナリオを欠いて迷走したのが、今回、採りあげる**プロペラ双発戦闘機**とそれに先駆けた単発プロペラ機の**複座戦闘機**だった。どちらも前評判は高かったが、舞台は冴えなかった。そのなかで、挑戦的シナリオで舞台の花形となったのが、このP-38ライトニングだった。

---

# 第1部：プロペラ単発・複座戦闘機

## ―歴史に埋もれたPB-2と中島キ8試作戦闘機―

### 複座戦闘機を生んだ（古典的）空中格闘戦の思想

第一次～第二次世界大戦にかけての、戦闘機設計の基本になった考え方が、図1だ。前方固定機関銃で勝負する戦闘機では、図1（A）に見るように、旋回半径の大きな飛行機＝**翼面荷重の高い戦闘機**には、永久に射撃のチャンスはこない。旋回半径を小さくするには、速度を下げて回り込まねばならない。最小速度≒失速速度は翼面荷重（W/S）の平方根に左右される。太平洋戦争時代、海軍空技廠のパイロットが翼面荷重130kg/㎡にこだわって「烈風」の翼面積を30㎡にしてしまった理由がここにある。

そこで考えられたのが、図1（B）だ。1930年代に登場した高速の民生用の飛行機の技術を転用した単発・単葉の軍用機は、複葉戦闘機より旋回半径が大きくても、後席に旋回機関銃を設置して反撃すれば、勝つチャンスが生まれてくる。複座戦闘機の発想のルーツは、ここにある。

後席の機関銃がどれほど有効か、は議論が分かれるところだが、フェアリー・バトルの後方機銃は、第二次世界大戦の西部戦線で最初のドイツ機撃墜を記録しているし、『大空のサムライ』を書き遺した故・坂井三郎氏は、ガダルカナル島の上空でダグラスSBDドーントレスの後方銃座に撃たれた。イリューシンIℓ-2は本誌No.129に記したように、複座→単座に変えて採用されたが、実戦の洗礼、大きな損害という結果を受けて、再び「複座＝後方銃座付き」に戻っている。

しかし、図1（A）には**トリックがあった**。技術革新を理解できる、将来を見通せる有能なパイロットと設計者は、そこに気がついた。旋回半径の中心をずらせば図1（C）となる。揚力でなく、エンジンのパワーを活用して、加速・上昇性能を活かして、重力に逆らって垂直面内で機動すれば、攻撃のチャンスが生まれてくる。低い**馬力荷重**（W/P）から生まれる**余剰パワー**も、空中戦の重要な要素になる。この発想が、**双発戦闘機**へ、そして**現代のジェット戦闘機**の空中格闘戦につながってくる。

**翼面荷重**と**馬力荷重**と一対になるのが、**翼面馬力**＝エンジンパワー÷翼面積（P/S）だ。同じ馬力荷重を維持しながら、**翼面積を小さくすると**＝翼面荷重を高くすると、**翼面馬力**が

図１　空中格闘戦の古典

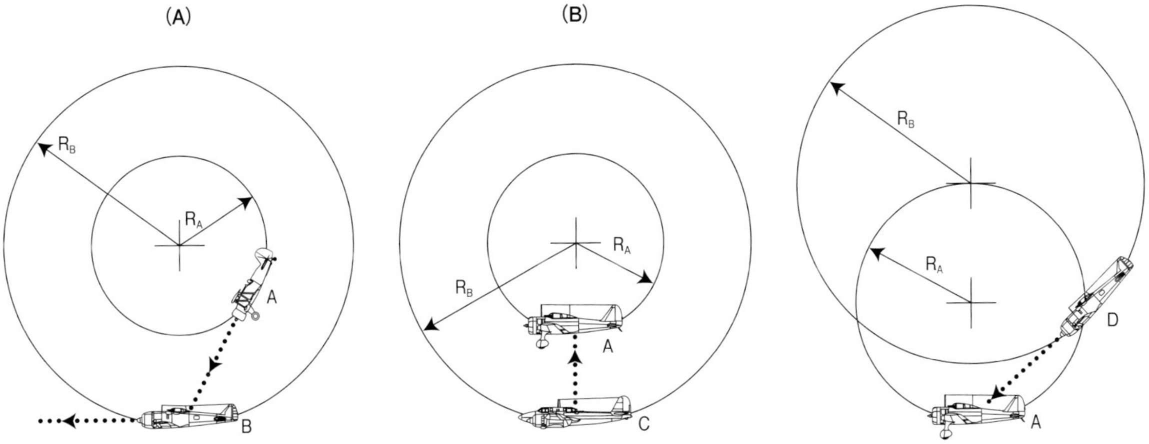


B機（旋回半径の大きい翼面荷重が高い）にはA機を攻撃するチャンスはめぐってこない。

複座戦闘機として後方の旋回銃で反撃すれば勝機が生まれる。

馬力荷重（W/P）を低くして余剰パワーを持たせれば旋回半径は大きくても、垂直面の機動など旋回率で勝機をつくり出せる。

**大きくなり、速度が速くなる**。だが、その速度は翼面馬力の立方根に比例している。同じ外見のまま、飛行機の速度を２倍にしようとすれば、必要なエンジンのパワーは、その３乗＝８倍になる。

双発にしてエンジン・パワーが２倍になっても、スピードは1.26倍以上には増えない。現実には、重量も増え、抵抗も増えるから、スピードは少ししか増えない。プロペラ双発戦闘機の実戦での活躍が、ひと口で言えば「フガイナイ」結果となっているのは、このためだ。

今回のテーマ、双発双胴戦闘機、P-38ライトニングを理解するためにも、この３パラメーターの関係は大きな意味を持っている。

## 各国空軍の空戦思想と設計パラメーター

図１(A) からいち早く脱却したのが、ナチスドイツ空軍だった。パイロットを急速に練成しなければならなかった事情もあるが、その戦術にあった戦闘機、Bf 109の出現が思想転換をサポートしていた。ソ連は迷っていた。図１(A) にはポリカルポフI-15を、図１(C) 対してはI-16を開発し、混合して装備した。

イギリスは、もちろん保守的だった。それでも複葉戦闘機グロスター・グラジエーターを短命に終わらせ、スピットファイアが、ギリギリのタイミングでイギリス本土防空戦に馳せ参ずることになる。

アメリカは日和見主義を決め込んでいた。

日本海軍では九六艦戦の登場で、図１(C) に気づくのだが、いつの間にかリセットされ、ゼロ戦の後継機「烈風」の開発のときになって、またぞろ、馬力荷重を無視した翼面荷重論争に陥ってしまった。

日本陸軍はキ43「隼」が試作され、飛行テストをし、模擬空戦で性能の評価を行なっても、まだ図１(C) に気づかなかった。「隼」は「ゴミ箱」に放り込まれてしまった。後述する双発戦闘機キ45の試作機が完成したときにも、明野戦闘飛行学校は、図１(A) の格闘戦にこだわり、門前払いしようとしていた。名指揮官でもあった加藤建夫中佐（戦死後：少将）が、太平洋戦争直前に中国戦線から帰国して、幸いにも「空にされていなかったゴミ箱」から「隼」戦闘機を「元のところに戻す」ことにして、図１(C) の空戦を実演してみせて、ようやく、水平面・垂直面の戦闘という考え方が受け入れられた。

## 昭和の幕開け
### ―躍進する航空技術と金融危機:世界恐慌―

**昭和の時代は、航空技術の躍進時代**だった。そして、その躍進の先頭ランナーが**アメリカの民生航空**だった。昭和のカレンダーは、昭和２(1927)年から始まったが、その年の５月21日、C. リンドバーグは、ヨーロッパの夜空を飛びながら「翼よ！アレがパリの灯だ」と愛機ライアンNYP“スピリット・オブ・セントルイス”に語りかけた。

単葉機時代の始まりだった。その年のうちに、アメリカの航空技術は、支柱を取り払った片持翼のロッキード・ヴェガ（乗員１乗客４）を送り出した。初期のベガは最大速度218㎞/hだったが、エンジンをワスプ450hpにパワーアップし、それを**NACAカウリング**で覆った後期型5Cでは292㎞/hに達していた。

1931年には、最大速度355㎞/h（後期型368㎞/h）を出した**低翼単葉・引き込み脚の高速連絡機ロッキード・アルテア**が出現した。1932年には、アルテアから発展した旅客機オライオン（最大363㎞/h、巡航290㎞/h）がスイス航空に導入されてヨーロッパの空を飛んだ。ルフトハンザ航空は、ハインケルHe 70（366㎞/h）でオライオンに対抗した。1933（昭８）年には、近代旅客機の原点となる**ボーイング247、ダグラスDC-シリーズ**が相次いで就航した。

だが、昭和の航空の時代とともにやってきたのが、**金融大恐慌と不況**だった。1929（昭和４）年10月24日が**暗い木曜日**と

低翼単葉で引き込み脚を採用した高速連絡機、ロッキード・アルテア。

なった。世界大恐慌の発生で、各国政府は体制を維持するために公的資金を使わなければならなくなった。

そして人々は第一次世界大戦の破壊と殺戮にウンザリしていた。軍事予算は、当然のことのように後回しにされた。ジュネーブ、ワシントン、ロンドンなどの軍縮条約の時代でもあったのだ。そうした社会情勢と「軍人たちは（将来を見ずに）過去の戦争に勝つことを考える」という、洋の東西を問わない揶揄のとおりの軍部の発想が重なり合って、爆撃機も戦闘機も、民生用の航空機の進歩とは無縁の複葉機の時代が続いていた。とくに戦闘機乗りたちは、各国とも、伝統的な空中格闘戦にこだわっていた。どんな姿勢になっても、下翼の揚力が機体を支えてくれ、敵機の下にぶら下がるようにして射撃ができる。複葉機にいつまでも、しがみついていた。

1930年に完成した**ホーカー・フュリー**（複葉）が最大速度333km/hをマークし、小型旅客機ロッキード・オライオンより劣速なのに、世界最優秀戦闘機だと騒がれていた。

日本では昭和の初めから開発が続けられていた陸軍の**九一式戦闘機**が速度300km/hを超えたと喜んでいたが、日本海軍の**九〇式艦上戦闘機**は複葉だったから最高速度が292km/h止まりで、300km/hの壁を超えられずにいた。

軍用航空技術の立ち遅れを示すのが、1936（昭和11）年に英国ヘンドンの空軍基地で開かれた航空ページェントだった。飛行展示の主役は、戦闘機も、爆撃機も、すべて複葉機だった。

## アルテアから複座戦闘機へ
### 世界恐慌が生んだ民生機の活用―コンソリデーテッドPB-2

1934年に行なわれたアメリカ陸軍航空隊の爆撃機の提案要求は「軍は仕様書を出すだけ。採用を希望するメーカーは、自前で試作機をつくってもってこい！」というものだった。「四発の299（B-17）」を持ち込んだボーイングは、軽自動車で済まそうとしている陸軍に、3ナンバーのクルマをもってきたセールスマンのように扱われた。

「欲しいけれど、銭がない！　ともかく、見かけの整うもので数を揃えておけ！」という論理で、民間旅客機ダグラスDC-2を手直しした双発爆撃機ダグラスB-18ボロが、ボーイング299（B-17）を抑えて採用になった。戦争など、当分発生する気配はないと思われていたのだ。

ロシアでは、スターリンの独裁政治が着々と動きだしていた。ドイツでは、不況のなかからヒトラーのナチスが台頭し、1933年には政権を握った。満州（中国東北部）で事変が発生したのは1931（昭和６）年だ。日本は国際連盟から脱退し、昭和が二桁になるとき、青年将校が決起する事件となる。そして1936年、スペインで内戦が発生した。やがて、ヨーロッパで、太平洋で、戦争になるのだが、人々は、まだ、その危険に気づいていなかった。

一連の「（複葉）戦闘機より速く、より遠くへ飛べる」民生用の単発小型高速機を生み出したロッキードも、金融恐慌・不況あおりを受けて、創業者ロッキードは失意のうちに会社を去った。暖簾（社名）は守られていたが、経営の内容は二転三転していた。

だが、新生ロッキード（デトロイト航空機社の傘下）が、既製の飛行機の改設計型で安価に装備を改善する、というアメリカ陸軍航空隊の動きを傍観していたわけではなかった。

民生用高速機**アルテア**と並行して、複座戦闘機、社内呼称XP-900を自主開発していた。エンジンを液冷（水冷？）V型12気筒650hpのカーチス・コンカラーV-1570に換え、乗員２名を前後に配置し、長い透明キャノピーで覆い、機首に２挺の7.7mm機銃、後席に旋回機銃を取り付けたから、外形から受ける印象はだいぶ違うものになったが、飛行機としての基本はアルテアだ。

しかし不況のあおりでデトロイト航空機が閉鎖されたため、この注文は、コンソリデーテッドに移管された。コンソリデーテッドでエンジン換装などの改設計を行なった最終形態の名称が**PB-2A**だ。

翼面積：27.5m²。総重量：2,562kg、自重：1,955kg。武装：7.7mm×（２＋１）。九六艦戦の競争試作がスタートした1934年12月に50機のPB-2Aが発注された。

PB-2AのエンジンはV-1710-57 700hp。排気ターボ過給機の効果で、高度7,600mで700hp、最大速度450km/hを出した。

複葉固定脚だったが、当時の最優秀戦闘機とされたホーカー・フュリー。

Photo : USAF

世界恐慌の緊縮に助けられて採用になったダグラスB-18ボロ。

Photo : IMPERIAL WAR MUSEUM

排気タービンを装備して高性能を発揮したコンソリデーテッドPB-2A。

動力銃塔で敵機を撃ちまくるという発想の特異な戦闘機、デファイアント。

列強の単座戦闘機と比較して、引けを取らない性能だった。しかしアメリカ陸軍航空隊がふたつの大戦間に採用した、**低翼単葉単発の複座戦闘機**は、このPB-2シリーズだけで終わってしまった。

### 受け容れられなかった異端児
### 日本陸軍の複座戦闘機:中島キ8

アメリカのコンソリPB-2Aに対応する日本陸軍の低翼単葉の複座戦闘機キ8も、中島飛行機（株）の自主研究で始められ、1934～35（昭和9～10）年にかけて5機が試作された。固定脚だが、逆ガル型として脚を短くしたり、楕円翼を使ったりしているところに、設計主務となった大和田繁次郎技師、補佐した松田敏夫技師の意欲が表われている。

残されているキ8のデータは、エンジン：「光」系の九四式ハ8Ⅱ公称658hp。全幅：12.88m、全長：8.17m、翼面積：28.5㎡。総重量：2,111kg、自重：1,525kg。最大速度：328km/4,800m。武装：7.7㎜×（2＋1）。乗員：2。

翼面荷重は九一式戦闘機と同じ75kg/㎡、馬力荷重は九一戦の3.2kg/hpに対し、2.8kg/hp。この数字なら、**図1（A）**のパターンでも、**図1（C）**のパターンでも、もちろん**図1（B）**のパターンでも九一式戦闘機に、充分対抗できたはずだ。陸軍の関係者も、そう証言している。日本陸軍の複座戦闘機も、この1機種5機の試作で終わってしまった。

### 航空母艦と複座戦闘機

大洋を航行する航空母艦から行動する空母航空隊には、陸軍航空隊とは違ったシナリオがあった。

目標物のない海原の上を飛んでいって、戦闘を行ない、そのあとで、磁石コンパスだけを頼りに、母艦に帰ってこなければならない。GPSなどない時代だ。航法を行ない、無線機を操作するメンバーを乗せた複座戦闘機に存在価値があったのだ。単座戦闘機の戦場への往復を複座戦闘機が誘導するというシナリオも描かれていたのだ。

日本海軍は、昭和6年と8年（1931、1933）に、中島飛行機に複座戦闘機の試作を指示している。アメリカ海軍も、イギリス海軍も、複座戦闘機を考えていた。しかし、日・米海軍は複座戦闘機を装備しなかった。複座戦闘機並みの空戦能力をもつ艦上爆撃機／急降下爆撃機が登場してきていたからだ。

プロペラ単発の複座戦闘機に最後まで固執したのはイギリス海軍航空隊だった。ドイツも、イタリアも空母を持っていなかったし、ドイツ空軍の単座戦闘機には、洋上を遠くまで進攻して来る能力はなかった。その行動範囲内にRoyal Navyの空母が突入することも考えられていなかった。

空からの脅威は、長駆してくるフッケウルフFw 200コンドルのような哨戒爆撃機や飛行艇だった。それを撃墜する8挺の固定機銃を備える複座戦闘機フェアリー・フルマー（初飛行1940年2月4日、総重量4,450kg）が、第二次世界大戦の開戦に合わせて、タイミングよく登場した。フルマーから、ファイアフライⅠ、Ⅱに発展し、そしてジェット戦闘機時代のDH.110/シービクセンにつながっていった。

イギリス独自のシナリオという点では、空軍の**ボールトーンポール・デファイアント**（初飛行1937.8.11総重量3,870kg）がある。来攻する敵爆撃機と並航しながら、後席の動力駆動銃座の4挺の機銃で撃ちまくるというシナリオだった。イギリスの工業技術あってのシナリオだったが、単発機には、やはり重荷だった。総重量は単座のホーカー・ハリケーンの1.5倍の3.9tに達してしまった。馬力荷重は3.3kg/hpを超え、翼面荷重も170kg/㎡になってしまっていた。単座戦闘機との交戦で手痛い損害を出してしまった。

## 第2部:プロペラ双発戦闘機へのアプローチ

### その流行は、フランスから始まった

限られた国防予算で多用途に使える飛行機を手っ取り早く揃える、という発想から生まれた複座戦闘機だったが、人を1人乗せれば、予想外に重量が増える。デファイアントに見るように、武装を強化するにも、翼面積を大きくして、翼面荷重を下げて、旋回半径を小さくして、空中格闘戦を挑むにも、単発ではパワーが不足だった。

1934（昭和9）年10月、フランス空軍が、**二～三座で双発の**（偵察／軽攻撃にも使える）**戦闘機の提案要求**を発行し、ポテーズ（Potez）63シリーズ（翼面積32.7㎡,重量4,500kg）を採用すると、たちまちのうちに、列強の空軍が、それに追随した。

Photo : USAF

大艦巨砲主義という雄大なシナリオから誕生したベルYFM-1多座戦闘機。

双発にすることで、余剰パワーが生まれる。それを活用すれば：—

①速度、上昇力、高機動力

②攻撃力の強化

・機関砲の利用

・機首への多銃集中配置

③航続距離の延伸

が期待できる。

そのどれに重点を置いたシナリオを書くか。それには、もちろん各国の「地政（geo-politics）」的事情が反映されなければならないが、**技術の成熟**を無視して、過大な期待が懸けられたという例が少なくない。役者や上演される舞台を無視したシナリオが、せっかくの双発戦闘機の可能性を摘んでしまった例も少なくない。

## 技術に整合しなかったシナリオ

### アメリカのベルFM-1と日本海軍の十三試陸上戦闘機J1N1

売れないシナリオを書いたのが、アメリカ陸軍航空隊（1941年6月から航空軍）だ。将来の脅威をアメリカ本土に飛来するボーイングXB-15やB-17“空の要塞”クラスの大型爆撃機と予測したのだ。大型双発戦闘機の両翼の推進式エンジンの前方に、有人カプセル式の砲塔を設置する。そこから“巨砲”37mm旋回機関砲で迎え撃つ。この大空の大艦巨砲主義という雄大なシナリオから生まれたのが多座戦闘機ベルFM-1だ。だが、獲物は現われなかった。シナリオを成立させるまで技術が成熟したのは、この小論の末尾、太平洋戦争の末期だった。

日本の関係者が、ポテーズ63という双発戦闘機のことを知らされたとき、まず頭に浮かんだのは、長距離爆撃隊を援護する戦闘機だった。

だが、「爆撃隊の援護」といっても、フランスは大陸国、日本は海洋国。「地政的（geo-politics）」状況は大きく違っていた。それを無視して、1938（昭和13）年から開発が開始される海軍の**十三試陸上双発戦闘機J1N1（後の「月光」）**に対して、当時、「渡洋爆撃」などと長い航続距離を誇示していた「九六式中攻を援護する」というシナリオを書いたから、正規重量状態で1,300nm（2,400km）以上、過荷状態で2,000nm（3,650km）以上という航続距離の要求になってしまった。

この要求を満たすために、J1N1は機内に2,460ℓ（1,656＋804）の燃料タンクを設け、必要なら、さらに330ℓの落下タンク2本（計660ℓ）を追加することになった。エンジン「栄21型」1,100hpは、基本的にはゼロ戦と同じだが、J1N1の燃料タンク容量はゼロ戦の4.5倍、双発だからエンジン1基あたりに置き換えても2.25倍という数字になってしまった。しかも……。

## 難しい大型戦闘機の横操縦性（バンクとロール）

### J1N1「月光」とP-38ライトニングの補助翼

日本海軍は、無茶な要求で、重く、大きくなるJ1N1（「月光」の原型）に「ゼロ戦並みの空戦性能」を要求した。

そのため高G・大迎え角機動で翼端失速を防ぐため外翼前縁に自動スラットが設けられ、また双発の特長を活かして、エンジンやプロペラのトルクの影響（ジャイロ効果）をキャンセルさせるために左右逆回転のエンジンが採用された。

トルクの影響（ジャイロ効果）というのは、回転しているコマ（独楽）を指で押して傾けようとすると、その方向から90°ずれた方向に傾いてしまうことだ。高速で回転している電気掃除器を手に持って動かしてみると、このジャイロ効果の大きさが分かる。このため、ゼロ戦のように右回りのエンジンプロペラを使っている飛行機では、左旋回より右旋回が苦手になる。捕獲したゼロ戦を調べたアメリカの航空力学の権威パーキンス博士ら調査団が「ゼロにとりつかれたら、急降下して（補助翼が、重くなる）370km/hまで加速してから、右に捻って逃げろ！」と教えたのは、補助翼の効きとジャイロ効果の関係を把握したからだ。双発になればジャイロ効果は2倍になる。打ち消せればそれにこしたことはない。

そして、旋回半径は翼面荷重に左右されるのだが、飛行機が旋回するためには、まず機体を傾けなければならない（傾けず方向舵を使うと、舟と違って機首は横に向くが、そのまま、横滑りしてしまって、旋回してくれない）。翼幅が大きくなれば、それだけで補助翼の効きが悪くなる。しかも双発戦闘機は、両翼に重いエンジンを付けてイナーシャも大きくなっている。イナーシャが大きくなれば動き出しが遅れ、しかも動き出したらなかなか停まらない。**旋回の初動となる横転速度が遅くなる。**

ゼロ戦の補助翼でさえ「高速で重く（操舵に大きな力が要る）、低速で効き悪し」と評価していた日本海軍だ。「“月光”の補助翼では苦労した」と中島飛行機の関係者からお聞きしている。

翼幅≒16m（月光は17m）の**P-38ライトニングだって、苦しまないはずがない**。そう思って眺めてみると操縦桿は両手が使えるホイール型になっていた。そしてJ型以降で油圧ブーストが組み込まれた。

今では乗用車にも一般的に使われているパワーステアリングだが、日本は工業のインフラの整備が遅れていたから、夢のまた夢だった。T-1ジェット練習機でさえ、「重い、もっと効きが欲しい」といわれながら、改設計の機会を逸したまま使い続けられた。

完成した十三試陸上双発戦闘機の自重4,852kg、総重量7,250

kg（正規）、7,527kg（過荷）、翼面積40.0㎡、翼幅17mで、ゼロ戦／J1N1「月光」の設計パラメーターを比較すると、翼面荷重（kg/㎡）107/180、馬力荷重（kg/hp）2.5/3.3となる。空戦時には燃料は40％減になっているから、数字はいくらか改善されるが、翼面荷重が高く、馬力荷重も大きい。しかも横転の初動が遅くなる大型の双発戦闘機が、空戦でゼロ戦に勝てるわけがない。十三試陸上双発戦闘機の切り札が、図１（B）だ。前方への固定火器、20㎜×１、7.7㎜×２のほかに、後席の後方のカバーが開くと、そこから戦艦大和の砲塔のように、背負い式に配置された２連装・２基の銃塔、計４挺の7.7㎜が現われて敵機に反撃する。スゴイ！

だが、機力操縦が実用化できなかった日本の基礎工業力の遅れが、ここでも足を引っ張った。試作機はできたが、できたモノは重い。動きがぎごちない。この銃塔は使えない＝J1N1は戦闘機としては使えないと判定され、二式陸上偵察機（J1N1-C）に回されてしまった。

## J1N1-Cを「月光」に甦らせたシナリオ

夜間に来襲するB-17に悩まされたラバウル海軍航空隊が、偵察機として配属された機体の、原型では旋回銃座のあった場所に、斜め上方に向けて20㎜機関砲を固定式に取り付け、サーチライトで照らし出された敵機を暗闇から攻撃させることにしたのだ。安定した飛行性と長い航続時間というJ1N1の特性が、暗夜での飛行に役立った。窮余の策が成功し、端役に回されていた飛行機が、夜間戦闘機「月光」（J1N1-S）と格付けが変更になった。だが、夜闇にまぎれた攻撃で活躍できた飛行機を昼間のB-29要撃に使ったから返り討ちにあってしまった。

日本陸軍の双発戦闘機（キ38/キ45）も、爆撃機の援護を任務として同じころ、計画が始まっていた。しかし、陸軍の爆撃機は基本的に足が短い（航続性能が小さい）。中国北西部の奥地、蘭州を爆撃するとき、海軍の中攻は北京の南苑基地から発進していたが、陸軍は山西省の運城を拠点にしていた。このため二式複座戦闘機キ45改の航続距離の要求は約2,000㎞と短くなっている。

エンジンは「月光」の「栄」と同クラスのハ102（瑞星）1,050hpだが、機内タンクの容量は1,455ℓ。外部増槽は200ℓを２本の計400ℓ。これは「月光」の60％だ。重量にして約700kgの差になっている。後方の旋回銃も手動の機銃１挺だけ。前方向けの火器は、いろいろと変化したが、基本は20㎜×１、12.7㎜×２だった。総重量はキ45第１次性能向上案がポテーズ630と同じ4.5t、「屠龍」キ45改で5.5t、翼面積32.0㎡とややコンパクトな飛行機になった。

「月光」の翼面積40㎡が大き過ぎたのではないかという批判的な見方もあるが、エンジンと武装を強化してキ96/キ102/キ108と成長したときに、翼面積は34㎡となり、レーダーを装備する夜間戦闘機キ102丙／キ108改に改設計されたときには、翼面積は40㎡となっている。増加する積載量に対応して、翼面積が不足してきたのだ。現在、ワシントンDCの航空宇宙博物館に展示されているように、「月光」J1N1-Sは原設計のままの主翼でレーダーを搭載している。イギリスの双発戦闘機ブリストル・ボーファイターも、D.H.モスキートも、そしてドイツのハインケルHe 219も、いずれも≒40㎡の主翼を使っている。

「屠龍」の特長は、大口径砲を装備したことだ。キ45改で、戦車砲を流用していち早く37㎜砲を、キ102乙では57㎜砲を装備した。「太平洋戦争が始まると、屠龍は、長距離援護戦闘機より、その航続性能と武装を活用して、独立して行動する**戦闘爆撃機・攻撃機**として使用された」と設計者主務者の土井武夫さんは書いているが、初めから、そのシナリオが準備されていれば、もっと活躍する場を見出せたかもしれない。

**対戦闘機戦闘**を回避して、長い航続距離（2,350㎞）と集中した強力な火力（20㎜×４＋7.7㎜×６）を活かして、遠距離進攻・低空からの攻撃でアピールしたのが**ブリストル・ボーファイター**だ。ビルマ戦線に出没し、太平洋ではオーストラリアから、アラフラ海を越えて、西ニューギニア南部のアル諸島にまで出撃して、日本海軍の水上戦闘機隊と交戦していた。ボーファイターの「長い航続距離と集中した強力な火力」を発展させた先にD.H.モスキートがある。

## 火力を集中した「単座」戦闘機

ポテーズの後を追わず、双発戦闘機といえども、「**戦闘機は小型でなければならない**」という信念を貫き、戦後に軽ジェット戦闘機／高等練習機ナットを設計したのはペッター（W. Petter）技師だった。複座・三座にするから、胴体が長くなり、重くなる。同技師は、社内呼称P9として1935（昭和10）年ごろから、機首に20㎜機関砲４門を束にして取り付けることを優先した単座・双発の戦闘機構想を練っていたとされている。そして小型化するために、エンジンを出力はやや小さいが、小型・軽量の液冷RRペリグリン960hpとした（このエンジンの信頼性が低く、ホワールウインドの評判を落とすことに貢献することになったのだが）。前記の、「20㎜機関砲の装備など百害あって一利なし」というコメントが出ていた時期だから、この武装は卓見だった。「月光」も「屠龍」も原型は20㎜砲１門、Bf 110でも２門だから、次元の違う思い切った強武装の選択だったのだ。

クリーンの飛行重量は4,621kg。翼面積23.2㎡は、ホーカー・タイフーン（25.9㎡）より小さく、「紫電改」よりわずかに小さい。双発によるデメリットを考えてアスペクト比を８と大きくしたところにも特長がある。最大速度は、576㎞/h/4,500mだ。翼面荷重200kg/㎡、馬力荷重2.4hp/kg、そして抵抗面積$SC_D/\eta$を推算すると、双発機なのに≒0.85㎡。キ45「屠龍」は翼面積が32㎡と大きいこともあるが、抵抗面積は1.1㎡である。「紫電改」は重量≒4t。最大速度594㎞/h/5,600m。抵抗面積は≒0.8㎡となる。ホワールウインドと「紫電：紫電改」の開発との間には、５年の差があるから、同列に比較することはできないが、小直径の2,000馬力級エンジン「誉」の利点が浮き上がってくる。

Photo : Tsuruo TORIKAI

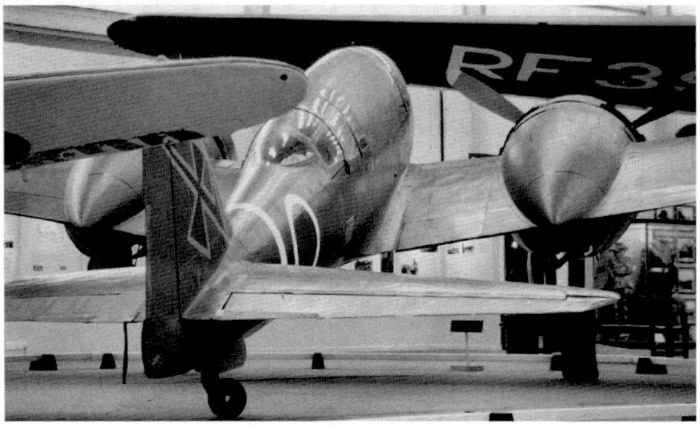

キ46 百式司偵Ⅲ型のエンジンナセル。翼断面とナセルの中心が一致しているので、高速飛行での抵抗は少ない。しかし、ナセルと胴体の間隔が急に広がっているので、Gのかかる引き起こし操作をしたり、三点着陸のような大迎え角になると、気流が剥がれ、ガタガタと振動を発生することになる。

### 設計者を悩ませたエンジン・ナセル（1）
取り付け位置と空気抵抗

多くのプロペラ双発戦闘機がつくられたが、P-38とモスキートを除けば、スピードで単発戦闘機を凌ぐことはできなかった。冒頭で触れたように、同じ外形でエンジンのパワーを2倍にしても、速度は2倍の立方根1.26倍にしかならない。とくに空冷星型エンジンの双発では、主翼に取り付けたナセルの形状抵抗が大きいから、双発にしても最大速度は容易には伸びないのだ。見落としてならないのは、ナセルの存在で、主翼の揚力が失われ、誘導抵抗を大きくすることだ。

ボーイングの空力技術者W. クックの著書“Road to 707”によれば、ボーイングB-29の競争設計の審査にあたって、「ナセルなし」のクリーンな主翼の風洞試験、続いて「ナセルあり」のふたとおりの風洞試験が行なわれた。このときボーイングは、ナセル付きの模型に対しては内翼部分の後縁をわずかに延長し、揚力の減少分を補正した。(実機もこの部分のフラップ後縁が延びている)。対抗会社も、試験をしたNACAも、このボーイングの「からくり」に気がつかなかったから、ナセルによる揚力損失がないボーイングの設計のほうが優れていると判定され、B-29が採用される一助になったと書いてある。

### 設計者を悩ませたエンジン・ナセル（2）
新司偵と屠龍のエンジン・ナセル

雑誌『航空朝日』の終戦直後の最終号（昭和20年11月）の座談会で、土井さんは「陸軍の関係者から、新司偵（キ46Ⅱ）と屠龍（キ45改）は、同じエンジンを使い、翼面積も同じだ。新司偵の2型は最大速度604km/h/5,800mをマークしているのに、キ45は547km/h/6,000mだと、何度もひやかされたが…戦闘機だから抵抗の大きいのは仕方がない」という趣旨の発言をしていた。

そしてエンジン・ナセルだが、新司偵（3型）のナセルは、左上の写真に見るように、ナセルの中心が、主翼の翼断面の中心に合った中翼になっている。この形態は、迎え角が小さいとき、最大速度の飛行の際の空気抵抗が小さくなる。そして「屠龍」では、ナセルは主翼の下となっている。「屠龍」のナセル位置のほうが空気抵抗は大きい。上述のボーイングのクックの話も、この配置のほうが不利になる。

ナセル上下位置による空気抵抗の差をテストした公開されているデータは少ないが、図2がその一例だ。

だが、土井さんは、このときに「新司偵は、ギューッと引き起こすと、ガタガタと振動してしまい、激しい機動はできない」という趣旨の発言をされていた。

イギリス、コスフォードの航空博物館で、キ46新司偵の3型を見たとき、その言葉を思い出した。空気抵抗は小さいかもしれないが、ナセルと胴体の間が、写真のように末広がりの流路になっている。

YS-11のナセルで苦労した後だったから、これはイカンと直感した。大きく引き起こしたときに気流が剥離するはずだ。乱気流が尾翼に当たりガタガタとバフェット（Buffet）がきてもおかしくない。YS-11の場合には、乱れた後流によって、「尾翼の効き低下」、「縦安定の弱化」となった。ナセルの両脇にフィレットを追加し、翼上表面の流路を平行にした。そういえば、新司偵では（大迎え角引き起こしをする）三点着陸はできないとも聞いたことがある。

# 第3部：ロッキードP-38ライトニング

### 基礎形の計画（1）
単座、そしてエンジンはアリソンの双発

1937年2月、アメリカ陸軍航空隊からプロジェクトX-608の提案要求が発行され、ロッキードP-38ライトニングの計画が始まった。日本海軍式にいえば十二試。ゼロ戦に相当する。初飛行は、陸軍の最初の双発戦闘機キ45の原型とほぼ同じだ。

X-608では、高度20,000ft（6,000m）までの上昇時間6分。それ20,000ft以上の高度で水平最大速度360mph（590km/h）以上、そして強力な火力を備えることが求められていた。

この速度と上昇力の要求を満たすために、ロッキードの設計チームが選んだのが、排気タービン過給機付きのアリソンV-1710の双発。そして単座だった。

開発される飛行機の明暗を左右するのがエンジンの選択だが、単座とする方針とともに、この決定に迷いはなかったとされている。なぜか？

XP-38の基礎計画が練られていた時期は、アメリカで実用できる空冷エンジンを使ったのでは、単発でも、双発でも、速度の要求にはMarginal、不足だった。2,000馬力級のエンジン、ダブルワスプR-2800は、まだ完成していなかった。そして陸軍航空隊は、空冷は高速化には向かないとアリソンを育てていた。顧客の立場に立って、しかも技術的な筋を通せば液冷。液冷にするならアリソンしかなかった。

**図2　ナセルの取り付け位置による空気抵抗の変化**（NACA WR-L-229より）

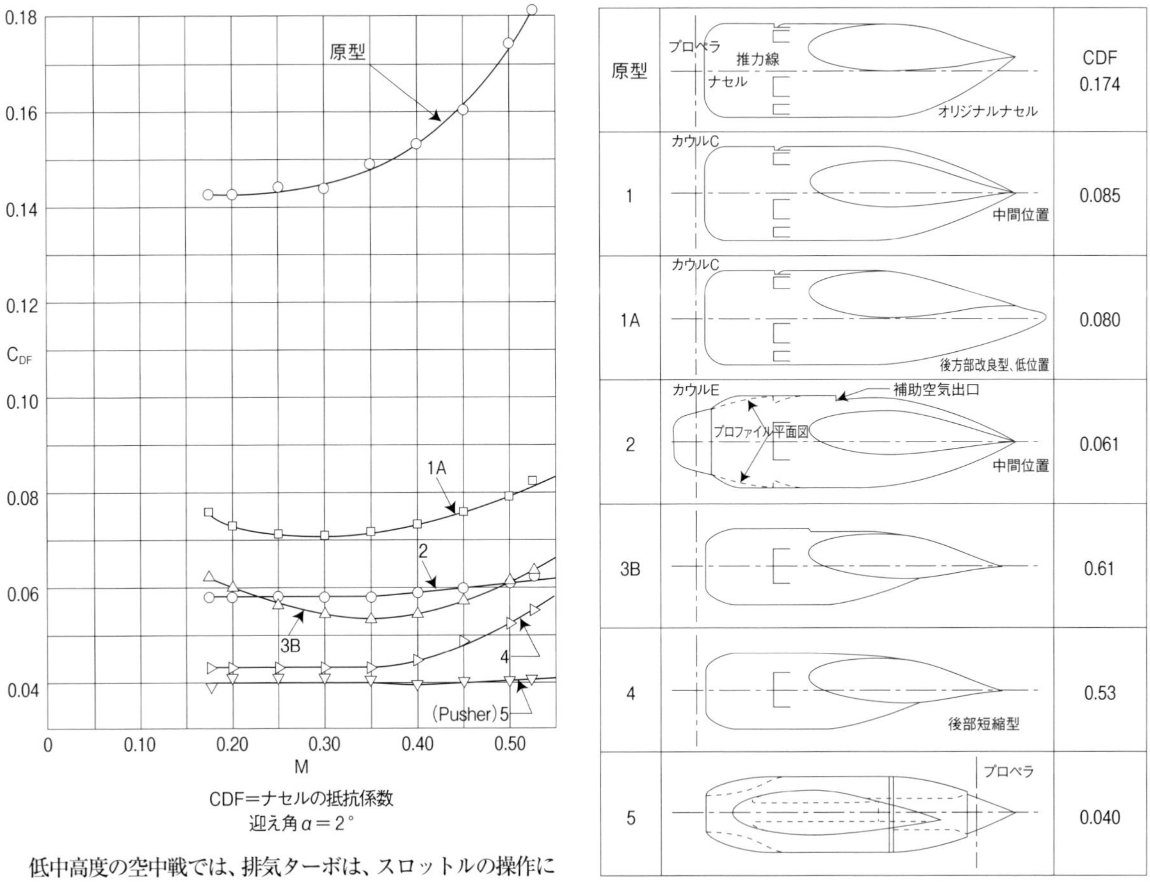


低中高度の空中戦では、排気ターボは、スロットルの操作に対するレスポンスに遅れがあるから戦闘機に向かないともいわれていた。戦争が始まってから、ロールスロイス・マーリンという声がなかったわけではないらしい。だが、エンジンの供給、得られるメリットの両面から無視された。

ともかく、「エンジンは液冷の双発。そして単座戦闘機」として確実に要求性能をクリアすることにした。双発だからといって、後方から撃たれることを心配して、複座にして重くするよりも、単座として、速度と上昇力を追求し、強力な武装を付け、対大型機との戦闘を念頭に一撃離脱戦法に徹した戦闘機とする。

## 基礎形の計画（2）
### 翼面積は30㎡、降着装置は三車輪式

このエンジンに、どれだけの面積の主翼を付けるか？　当時の単発戦闘機の翼面積の常識は20㎡前後だ。その2倍、40㎡クラスの翼面積が、イギリスのデ・ハビランド・モスキートや日本の「月光」、ドイツのメッサーシュミットBf 110だ。それでは単発戦闘機に対し、スピードで優位に立てない。

同じターボ付きエンジンを使って検討が進められている単発戦闘機（カーチスXP-37改、ベルXP-39）を速度で圧倒するには、前述のように翼面馬力で差をつけなければならない。双発で空気抵抗が増えることを考えると、翼面積は単発競合機の1.5倍。30㎡を超えないようにする。翼面馬力を仮想単発戦闘機（V=550km ）の1.5倍にすれば、550km/h× $3\sqrt{1.5}$ ＝約640km/hとなるから目標達成が見えてくる。

XP-38の提案書の数字は：—

離陸重量　　4,470kg（10,500ℓb）
翼面積　　30.4㎡（327.5ft²）
翼面荷重　　147kg/㎡（32ℓb/ft²）
アスペクト比　　8.25
最大速度　　684km/h@6,100m
（417mph@20,000ft）
実用上昇限度　11,700m（39,100ft）
航続距離　　2,270km（1,386miles）
燃料1,514ℓ（400U.S.Gal）
着陸速度　　120km/h（72.2mph）

だったとAIAA（アメリカ航空宇宙学会）論文№78-3005（From Propellers to Jets in Fighter Aircraft Design, Lockheed Aeronautics Company, R. L. Foss）に書かれてある。

1,000hp/6,100mのエンジンで、この性能を発揮させようとすれば、抵抗面積$SC_D/\eta$≒0.65㎡でなければならない。翼面積に違いがあるが、キ45「屠龍」の1.1㎡。ホワールウインドの0.85㎡と比べ、いかにも挑戦的な数字ということになる。

一方、上記AIAAのレポートには、風洞試験データが掲載さ

れていて、抵抗係数$C_D$は、空気の圧縮性の影響を受けない$C_{Dmin}=0.014/M=0.4$（日本の新司偵キ46の風洞模型は$C_D=0.0190$、烈風A7M1の性能計算書では$C_D=0.0189$）。P-38のダイブテストから計算では、$C_D=0.02/M=0.6$となっている。プロペラ効率を0.8〜0.85とすれば、戦場に現われたときのP-38の抵抗面積$SC_D/\eta$は、0.75〜0.66㎡ということになる。

離陸重量は、おそらく馬力荷重5ℓb（2.25kg）/hpという期待値から生まれた数字だろう。≒4.5tは同じ翼面積の日本の「烈風」並みだ。液冷エンジンで、ターボ過給機を付けた双発戦闘機が、この重量に収まるわけがない！

完成したXP-38は離陸重量6,125kgになったとされている。「月光」の計画当初の重量見積もりは3.6tだったが、海軍の担当官が再検討を求めたら6tプラスになり、その後、さらに増えた。新しい機種、新しい形態の飛行機の重量推算は難しい。戦闘機開発の経験がなかったロッキードも苦労していたということになる。

たとえ、この主翼（30㎡）とエンジン（液冷1,000hp）を使って、離陸重量を4.5tに収めることができても、翼面荷重は、当時の戦闘機の常識を超えた150kg/㎡になる。着陸速度の推算は120km/hとなっているが、そのためには：高揚力装置を強化しなければならない。高速旅客機ロッキード14で有名になったファウラーフラップに、スロッテッドフラップの効果を付加する改良型を開発し、降着装置も三車輪式に挑戦することにした。

三車輪形式は、陸軍航空隊の戦闘機計画のプロジェクト・オフィサーだったベンジャミン・ケルシー（Kelsey）も強く支持していたとされているが、未経験でデータの積み重ねがなかった。地上走行のリグをつくってデータが集められた。この高揚力装置と三車輪形式への挑戦が、重量が約8t、翼面荷重が250kg/㎡を超える後期発展型の出現を可能にしたといっていい。

フラップだけでなく、主翼の平面形と翼型にも、ロッキード14の経験が活かされた。中央の翼型はNACA23015（厚比15%）、翼端の翼型は翼端失速に配慮して失速特性のよいNACA4412（厚比12%）とされた。高速を狙った飛行機としては厚い。九六艦戦や九九艦爆並みだ。翼端の厚比12%は九九艦爆（7%）より厚い。この厚さが早期衝撃波失速誘起の一因となるのだが、「翼内燃料タンク容積の確保と構造重量の軽減を狙った選定だ」と書かれている。

P-38の、機内燃料タンク容量については、1,140ℓ（250Imp. Gal.）とRAFのマニュアルに表示されている。左右の外翼の前縁の内舷にあったターボ過給機の中間冷却器をエンジン下面に移したJ型以降では、その部分に、それぞれ約65U.S.Gal（≒250ℓ）の燃料タンクが増設された。総計1,600（+）ℓ、日本の「月光」の試作原型に匹敵する値だ。そして落下増槽150U.S.Gal、後期型では300U.S.Gal（約1,150ℓ）を2個中央翼の下に吊り下げることもできた。

見落とせないのは、厚い翼型の採用で剛性が高くなることだ。語られてはいないが、高速を狙うときに不安になるフラッターに対しても、有利になると判断したのだろう。そして九九艦爆の不意自転を考えれば、翼端の12%という厚比にも意味がある（翼型NACA23015の特性やNACA4412との失速特性にまつわる話、不意自転に関しては本誌No.130を参照）。

## 基礎形の計画（3）
### なぜ、双発・双胴が択ばれたか？

こうした基本形の設計パラメーターを、どんな形態にまとめるか？ 当時のロッキードの設計チームを率いていたのは主任設計者H. L. ヒバードだった。そしてC. L.“ケリー”ジョンソンは、空力設計を担当していたが、設計チーム取りまとめ、調整するプロジェクト・エンジニアとしても機能していたようだ。上記のロ社のFossの論文に、ロッキードのチームが検討したという、いかにもそれらしい、隅にCLJのサインがあるフリーハンドで描いたスケッチ（図3）が掲載されている。

図3の①は双発機の基本的な形態だが、液冷エンジンを使い、細く、長いナセルとしたところがミソだ。主翼との交線を平行にして、主翼との干渉抵抗を減らし、ナセルストールも避ける。排気タービンや中間冷却器を前後に配置し、長い主脚を格納することも、すでに頭にあったのだろう。②、③は「彩雲」がN50という名で、中島飛行機小泉製作所で検討されていたときにも、考えられた案だ。ナセルの空気抵抗を減らすのが狙いだ。胴体の中に2基のエンジンを前後に並べ、そこから、傘歯車のギアボックスと延長軸（プロペラ・シャフト）を介して、プロペラを回すのだ。だが、タービン・エンジンと比べると回転数の低いレシプロ・エンジンでは、トルク（回転させる力）とその変動が大きい。日本の中島では、「本気になって検討していた」が、ギアボックスの実用化には時間がかかるとも考えられていた。⑤は、後にノースアメリカンF-82ツインムスタングとして実現する形態だ。ドイツでもメッサーシュミットMe 609、Me 109Z、アラドAr E530という案が練られていたらしい。既製機を流用して航続距離を伸ばす。大きなペイロードを利用することが可能になる。悪くはないが、秀でているところがない。⑥はオランダのフォッカーがD23として実現

**図3 ケリー・ジョンソンのサインのある双発戦闘機の概念スケッチ**

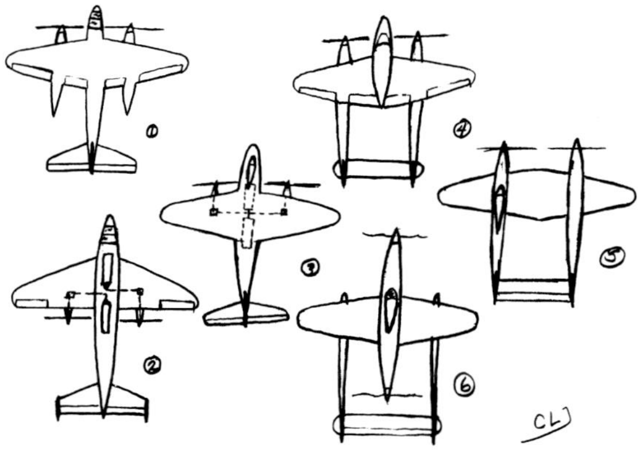

AIAA 78-3005 From Propellers to Jets in Fighter Aircraft Designより転載

Photo : USAF

K. ジョンソンが描いた双発戦闘機の概念のひとつを具現化したF-82。

していた。空力的には、いろいろと利点がある冷却器を小型化し、空気抵抗を減らすために、高温になるエチレングリコール冷却液を使うプレストン冷却システムを採用すると、被弾によって、高温冷却液が飛散したり、蒸気が噴出したりして、パイロットが火傷を負う危険が出てくる。「イザ、脱出！」というときに後方プロペラが危険な存在になる。

紆余曲折の後辿り着いたのが、④の双発・双胴だ。細い双胴（Twin Boom）の中に、エンジンナセル、主冷却器、滑油冷却器、ターボ過給機、主脚、中間冷却器のためのダクトが入る。双胴のナセルは平行な太さで主翼を横切るから、新司偵のナセルで説明したような問題が発生しにくい。冷却器や垂直尾翼／方向舵をプロペラ後流の中に置くことができるから、冷却器の効率が上がり、片発停止のときの方向舵の効きもよくなる。プロペラ回転圏外になる中央のコクピットナセルの前部に火力が集中できる。

## 基礎形の計画（4）
### 双発双胴の難点:摩擦抵抗

よいことづくめのような双発・双胴形式だが、欠点はなにか？　そのことは、どの資料にも書かれていない。日本陸軍の航空技研で双胴機の日独共同開発を計画されていた安藤成雄（元）技術大佐に、戦後、お伺いしたところ、言下に「表面積！（摩擦抵抗）」と指摘された。

ロッキードは、モデル22（XP-38）の提案書の中で、上記のように20,000ftの高空でX-608の要求を上回る速度を発揮すると書いていた。そのためには、徹底して空気抵抗（形状抵抗＋摩擦抵抗）を削減しなければならない。

スマートな、正面面積の小さい、細い胴体やナセルを設計するとともに、摩擦抵抗を減らすために、外表面の**全面に沈頭鋲**を使用し、外板の継ぎ目は段差ができない、**衝き合わせ方式（Butt Joint）**とし、間隙をパテで平滑に仕上げ、塗装して、ピカピカに磨き上げる。提案書の中で、その必要性、その効果、高速機における摩擦抵抗の削減の重要性について、S. Hoerner が“Aircraft Engineering”に発表した論文を引用しながら、かなりのページを割いて説明する文章を書いたのが、ジェット機時代になってチーフデザイナーとして手腕を発揮することになるケリー・ジョンソン、その人だった、と上記のAIAAのパーパーに書かれてある。安藤成雄さんの言葉と、ケリー・ジョンソンが気にかけていたことが一致したことが嬉しい。日本の先輩も鋭かったのだ。

## 双発戦闘機のプロペラの回転方向

木村秀政先生のご存命中にお聞きしたことだが、P-38ライトニングのプラモデルの組み立て中、左右反対方向に回転しているプロペラの取り付け方が問題になった。外向き？内向き？どちら向きが正解だろうか。A君が主翼端の渦を抑える方向、誘導抵抗を減らす働きになる方向、上端で外向きではないかと発言し、先生も“Good Idea”だということになった。実機もそうなっていた。

だが、それをお聞きしたあとで、初期には内向き、早い時期に外向きに変更になったらしいことが分かった。しかしエドガー・シュミードの伝記、“Mustang Designer”を読んだら、F-82ツインムスタングは、プロペラ後流によるアップウォッシュの影響で中央翼が早期失速を起こしたため、「上端で外向き回転→上端で内向き回転に変えた」と記されていた。このことを中島飛行機の先輩にお話ししたら、「月光は、原型の左右対称回転のときは、上端が内側方向の回転だったよ。翼根（ナセル）ストールの傾向への対処だった」と言われた。土井さんは、「キ45ではナセルストールが問題になって、回転方向を変えてみた。結果は上端内側方向だったが、キ45改で、エンジンをハ102とするとき、エンジンの供給から同方向回転にした。それで使いモノになった」と話しておられた。いかにも土井さんらしい。

P-38ライニトングの、**外側回転の採用**は、翼端の誘導渦に着目した点は、日大のA君と同じだが「水平尾翼にかかる**主翼の吹き降ろしを減らし、縦安定に貢献させる**」ためだった、と書かれてある。では、このプロペラ後流のかかる翼胴結合部分の早期ストール問題は、どうなっていたのだろうか。次に説明するバフェット対策のひとつとなった、中央のコクピットナセルと主翼前縁部の交差部のフェアリングに、その答えがあった。

## 「音速の壁」（1）—戦いの始まり
### 危険な急降下、禁じられたスプリットS

YP-38が初飛行してから数ヵ月が経った1941年の春、ミシガン州セルフリッジ基地のS. ギルキー少佐は35,000ft（約10,000m）の上空から降下飛行に移った。YP-38は抵抗面積/重量が小さいから重力に引っ張られて、みるみるうちに加速した。やがて機体が振動を始めた。バフェッティングだ。振動は次第に激しく、強くなったが、それとともに機体が機首を下げようとする。それまでの水平飛行での加速や中高度以下での降下飛行では、水平飛行のトリムのままにしておけば、正常の縦静安定の反応を示して、速度を増せば機首が上がってきたのだが、このときは逆に、降下速度を増しながら、ますます機首を下げ、次第に激しくなるバフェットをともないながら、大地に向かって落下していく。操縦棹を引いて急降下から引き起こそうと力を入れているのだが、昇降舵が凍りついたように固く、そして重い。まさに操縦不能のまま、どんどんダイブを続けていく。20,000ft（6,000m）まで降下したとき、昇降舵のトリムタブを操作したが、効かない。12,000ft（3,600m）まで降下してきた時点で、ようやく昇降舵が効きだしたのか、機首が上がり始めた。バフェッティングも緩やかになってきた。そして水平飛行に戻ったときには高度は7,000ft（約2,000m）になっていた。この報告を受けて、軍の開発担当部門にショックが走った。危険だ！

ともかく危険だからと、高空からスプリットSの操作をして急降下することが禁止され、操縦棹に高度9,100mではISA（計器指示速度）475km/h、高度6,100mでは同590km/h、高度3,100mでは同690km/h、（マッハ0.68に相当する速度）を超えてはならないというレッドゾーンの注意書きが貼り付けられた。後述する急降下フラップ“Dive Recovery Flap”装着後も「このスピード33km/h（20mph）超過してはならない」として残されていた。

## 「音速の壁」（2）
### 高速でのバフェッティング

ともかく、バフェットを抑え、それに続く、強い機首下げ（タックアンダー：Tuck-Under）の傾向を抑えなければならない。

まず行なわれたのが、バフェット（空気の乱れによる機体振動）の対策だ。実際には低速での境界層の剥離、失速で発生するバフェットと遷音速で発生する衝撃波失速にともなうバフェットは原因が違うのだが、相談された設計者も、学者も、バフェットなら経験している。当時の知識と低速風洞（通常の風洞）で対策が打ち出せると思ったのだろう。

バフェットの原因として、最初に疑われたのが水平尾翼のフラッターだった。水平尾翼の昇降舵の操縦索の張りを強め、水平安定板と昇降舵の金属外板の板厚が増された。脱出時にパラシュートの紐が絡まるおそれも指摘されたが、昇降舵の上下面に突出したマスバランスが追加された。また脚扉の振動が疑われ、開閉メカニズムを設計変更し、強固に締め込まれるようにもなった（日本では彗星の開発時の事故で爆弾倉扉が疑われていた）。だが効果はなかった。

双胴の後部を上方に折り曲げて、水平尾翼の位置を高くした機体（P-38E）を改造してテストも行なわれたが、縦安定がわずかだが悪くなり、水平最大速度で3％のロスが出ただけで効果はなかった。前述の新司偵のナセルと同じように、胴体と主翼の結合部で発生する気流の乱れも、もちろん疑われた。風洞と飛行試験で流れの可視化テストが繰り返された。

「中央胴体の両側にフィレットを付けてバフェット解決した」というP-38に関する解説もあった。それを読んで頭に浮かんだのは、YS-11のエンジンナセルの両脇に追加したフィレットだ。だが、写真を見ても、いろいろなプラモデルメーカーの製品を眺めても、それらしいフィレットはない。AIAA学会のレポートには、検討はされたが、採用はされなかったとされている。

しかしフィレットと聞いて、主翼の最大翼厚部から後方に付けるものという先入観をもっていたのが誤りだったのだ。プロペラの回転方向と関連して思いあたったのが、中央のコクピットナセルの側面に沿って上向きに流れるアップウォッシュによる翼根の翼型NACA23015の早期失速だ。それなら前縁に鼻曲がり効果を持たせる細工すれば解決するかもしれない。ジェット旅客機デ・ハビランド・コメットⅢ型や対潜哨戒機ニムロッドの増槽の内舷側にある前縁フィレットのように前縁に細工したのではないかということだった。

改めて見直すと主翼前縁と中央のコクピットナセルと交差部に、前縁鼻曲がり効果をもたらすような、小さな整形がついていた。そしてAIAAのペーパーに写真入りで解説されているのを発見した。この小さなフィレットによって、バフェットの強さは、大幅に改善され、操縦桿の振れが、8 in（20cm）から1in（2.5cm）になったとされている。だが、機首下げ／タックアンダーの解消には、これも役に立たなかった。

## 「音速の壁」（3）
### 三者三様の危惧、やはり空気の圧縮性か

・機首が上がらない？
・舵（昇降舵）が重くなる？
・操縦棹が固くなる？

どうしても技術者には、想像もできない状況だったから、パイロットの言っている事態が理解できなかった。

技術屋と研究者が、まず議論したのは

・舵面のヒンジが凍りついた（低温でグリースが固くなった。金属が収縮して締め上げた）。
・空気力で舵面が変形している。

いや、

・空気の圧縮性の影響ではないか？

それぞれに見解が分かれた。航空力学の権威D. Perkins博士は、このとき大先生がそれぞれに自説に固執したと書いている。ともかく、

舵面が動かないのか？

それとも動いているのに、機首が上がらないのか？

その確認が取れなければ、問題解決の糸口がつかめない。

1941年の6月〜11月にかけて、ロッキードの3人のテストパイロット（Milo Burcham、Jimmy Matten、Ralph Virden）が命懸けで、未知の問題解決のために、ダイブテストに挑んだ。そして11月4日、Virdenが高速での舵の効きを増そうとして案出されたスプリングタブを付けた機体で急降下から引き起こしたとき、左右の後部胴体がボッキリ折れた。R. Virdenは殉職した。

スプリングタブは、筆者も出演したNHKの番組『プロジェ

**図4　遷音速域の翼型周囲流の概念スケッチ**

音速の0.8倍（マッハ0.8）付近になると厚比≒15%に近い翼型では、前縁部分の流速は音速を超える。最大厚さを超えた付近で減速するのだが、そのときに衝撃波が発生する。音速を超えるときでなく亜音速に戻るときだということに注意。ここで圧力が急変する。また超音速部分では、揚力の発生が少なくなる。

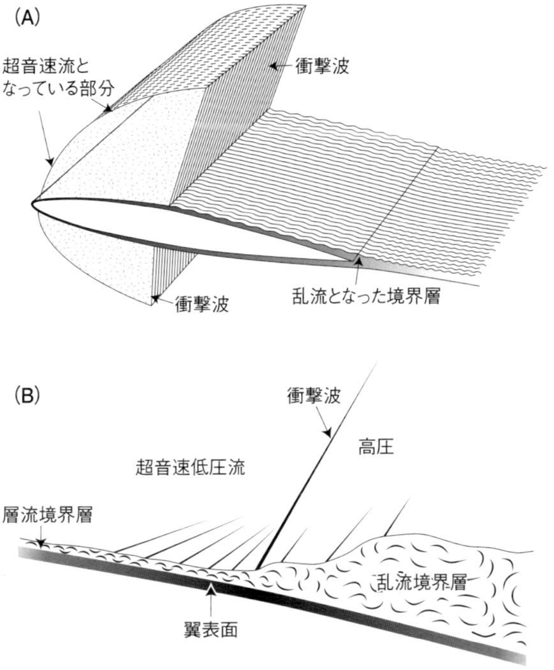


(A）は流れが安定した状態だが、現実には、衝撃波の位置はフラフラし、そのときに、(B）のように乱れた後流が発生する。その乱れが尾翼などに当たるとバフェッティング振動となる。

クトX』で有名になったが、確かに低速から高速まで、適当な操舵力を保ちながら、舵の効きを保つ働きをする。だが、空気の圧縮性の影響がでる状況に対しては無力だったのだ。

ギルキー少佐の体験、R. Virdenの事故、**空気の圧縮性の影響**が、関係した研究者・学者、設計者の間で深刻に議論されることになった。

プラントル・グラワートの研究などで、航空技術の関係者たちは、空気の圧縮性の影響で空気抵抗が増えることは、すでに知っていたし、プロペラ先端の効率低下でそのこと実感もしていた。だが、それ以上の知識はなかったのだ。

ケリー・ジョンソンたちは、急降下テストの結果から、バフェットに続く一連の問題が少ない迎え角で発生していることに着目し、空気の圧縮性の影響に着目した（亜音速の失速→バフェットは、大迎え角で発生する)。

## 「音速の壁」(4)
### 衝撃波失速と吹き降ろし(Down Wash)

当時は、風洞といえば風速40m/sec程度の低速風洞のことだった。高速風洞と呼ばれるものも、音速の0.7倍付近で模型の周囲に衝撃波が発生しだすと、風洞の中の空気の流れが阻害されてしまって、全機模型（3次元）の試験はできなかった

**図5　空気の圧縮性の影響による翼型周囲の風圧分布の変化**
（NACA TR646）

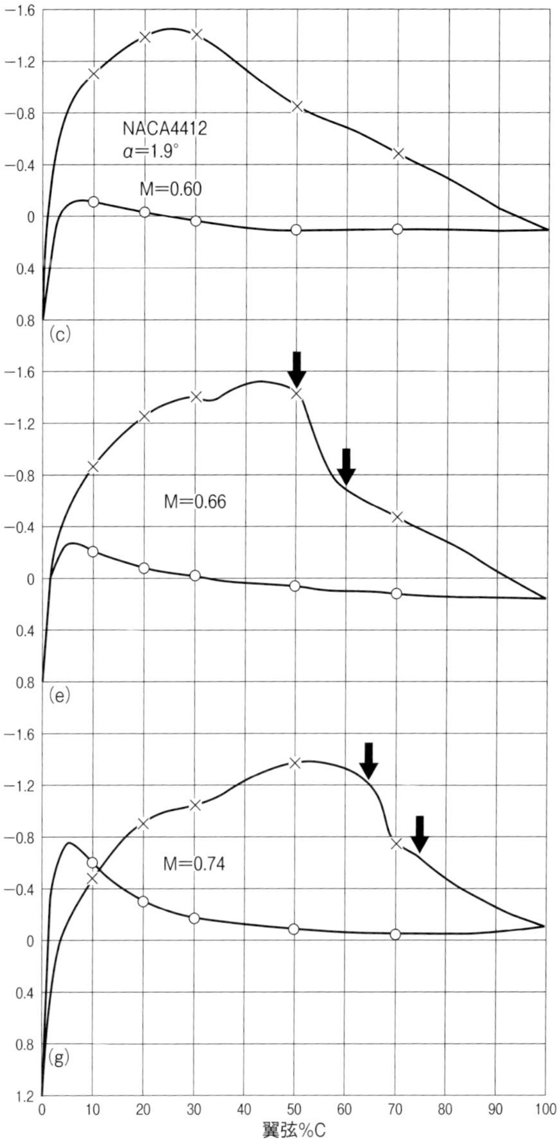


翼型はP-38ライトニングに使われたNACA4412。迎え角はいずれも1.9°。⬇のところで衝撃波による圧力の急変（バブル崩壊）が発生している。この状況をスケッチしたのが図4(B)である。

のだ。だが、2次元の翼型（翼断面形）模型に対しては、プロペラの効率低下とも絡んで、NACAで高圧空気を利用した「高速噴出し流れの設備」で研究と計測が行なわれていた。その状況、流速マッハ0.8付近の気流の中で、翼型の前方部分の表面流が超音速に加速され、最大翼厚部を過ぎて減速されるときに衝撃波が発生している際の概念をシュリーレン法で撮影した写真をもとに、スケッチに画いたのが**図4(A)**だ。

ダグラス社のエド・ハイネマンも書いているが、この時期NACAは、民間の会社からの依頼で風洞試験などはしてくれなかったらしい（民間はCALTECなどの施設を使っていた。NACA民間からの委託研究というシステムがなかったのかもしれない)。ジョンソンの説明を聞いて、陸軍がNACAに働き

かけ、NACAの設備で試験が行なわれるようになったと記されている。

**図5**は、その設備で行なわれたNACAのレポートのひとつ（TR646/1938）にある、P-38ライトニングの翼端にも使われた、NACA4412のマッハ0.60、0.66と0.74の翼型周囲の風圧分布である。そして同じ迎え角なのに、衝撃波の発生したマッハ0.74では、超音速に加速された部分では、発生する揚力が減ってしまい、風圧分布の中心が後方に移っている。そして図中に矢印で示されている部分が、衝撃波の発生で、揚力が突然失われたところということになる。これが衝撃波失速（Shock Stall）と呼ばれる現象だ。重心周りの力のバランス（釣り合い）が崩れて（**図6**）、**強い機首下げ、タックアンダー（Tuck-Under）**になる。

揚力発生の理論的な説明は本誌No.99『ハインケルHe 111』で行なったが、ともかく主翼に揚力を発生させると、その周囲を流れる気流が後下方にカーブを描いて流れる、カーブが強ければ大きな揚力になり、逆に揚力を必要としないときにはストレートに近い流れになっている。この後下方への流れを、航空力学では主翼の「吹き下ろし（Down Wash）」と呼んでいるのだが、**衝撃波が発生して揚力が減ると、この吹き下ろし（Down Wash）も減る。**吹き下ろしは、水平尾翼に下向きの力として働き、主翼を上げさせる方向に働いているのだから、衝撃波の発生で吹き下ろしが減ってしまえば、バランス（釣り合い）が崩れて機首が下がる。これがタックアンダーの第2の原因だった。

さらに具合が悪いのは、衝撃波が発生すると、揚力が低下するだけでなく、迎え角を変えても、揚力が、あまり増減しなくなってしまうことである（働きが鈍くなってしまう）。このことを航空力学は**水平尾翼の安定作用が強くなってしまうと表現している。**同じだけ姿勢を変化させるのに、たとえ水平尾翼／昇降舵を動かすことができたとしても、急降下していく機体を引き起こすには、計器表示速度（ISA）は同じでも（正面から加わる空気の圧力は同じでも）、衝撃波が発生していれば、大きな尾翼の空気力が必要になる。（亜音速なら20Gを発生するよう舵角をとっても1/2Gしか発生していないとも報告されている）。その結果、飛行機はバフェットを発生させながら、パイロットの操舵を受け付けず、機首が重くなったように、まず大地に向け突進しようとすることになる。そのことを示しているのが**図6**だ。音速に近づくほど、カーブの右下がりの勾配が強くなる。安定効果が強くなることを示しているのだ。

その状況下での急降下中に、昇降舵を上げ舵（後縁上げ）にしようとしたときには、安定版と舵面との境に衝撃波が発生し、必要な揚力を出さないのに大きな操舵力が必要になる。舵が凍りついたように固く、重くなっていたのも衝撃波によるものだった。

**タックアンダーに先立って発生したバフェッティングも、**衝撃波発生にともない、その後方の気流が剥離したことによるものだった。しかも速度やG、姿勢で、衝撃波の位置や強さが変化し、それが剥離流の乱れを助長し、その乱気流が尾翼や機体の表面を叩いていたのだ（**図4（B）**）。**P-38が急降下で（小さい迎え角での飛行なのに）遭遇したバフェッティングは、**激しい衝撃波失速の前兆だったのだ。

**図6　P-38ライトニングのピッチングモーメントとマッハ数**
**―マッハ数の増加にともなう縦静安定の変化―**

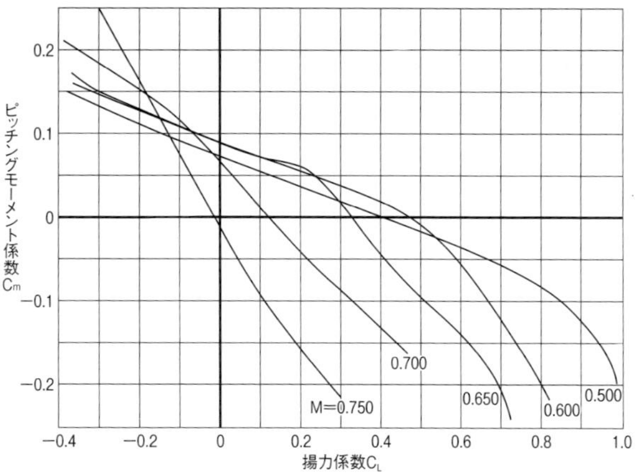


水平直線飛行は、Cm＝0の状態である。高速になるにつれて小さい$C_L$となるのだが、マッハ0.75で（−）でなければCm＝0とならない。カーブの傾きが大きくなっていることは、安定が強くなり過ぎて、姿勢を変えるのに、大きな尾翼の空気力が必要になる。舵が効かなくて、ダイブを続けていくことになる。

## 「音速の壁」（5）
### ダイブリカバリー・フラップ

前述のR. Virdenの最期の急降下飛行が行なわれた時期には、まだ空気の圧縮性、衝撃波失速のことは充分には理解されていなかったのだろう。筆者の推測だが、テストパイロットは、急降下する機体の中で、渾身の力で操縦桿を引いて、機首を上げようとしていたに違いない。タブは多少動いたかもしれないが、衝撃波の発生で、舵面を動かすのに必要な空気力は発生できなかった。だが低空に下がったときに気温が上がった。気温が上がれば、音速が高くなる。相対的に飛行マッハ数が下がった。そしてその時、衝撃波が突然消えた。タブが働き、一瞬にして舵面が大きく動いた。尾翼に大きな荷重が発生し、後部胴体が折れた！

原因が分かれば、対策も浮かんでくる。

水平尾翼が、吹き降ろしの変化による影響を受けてタックアンダーになるのなら、吹き下ろしに無関係な中央のコクピットナセルの先端にカナードを付ければ、というアイデアが浮かんだ。風洞試験も行なわれたが、平常の飛行時に縦安定を大きく損なうので、それ以上には進まなかった。

最後に辿り着いた対策が、**図7**のダイブブレーキだった。このダイブブレーキはユンカースJu 87や九九艦爆のダイブブレーキと違って、降下速度を抑えることよりも、「翼の下面の流れを変える。翼断面のキャンバー（反り）が変わった効果になり、この部分で発生する空気力で、機首上げの力を発生する。それによって上面の風圧分布が変わり、衝撃波が発生する傾向も変わって遷音速のタックアンダー現象を消す」ことに狙いがあったのだ。テスト飛行でも、期待どおりの効果がでた。

**図7　P-38に取り付けられた急降下用フラップ**
（Dive Recovery Flap）

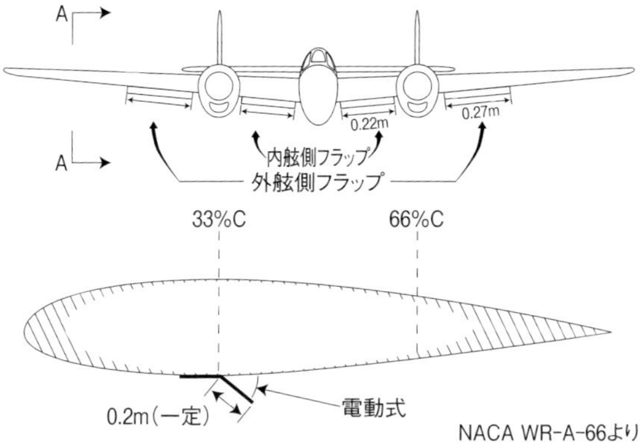


速度を制限するよりも、衝撃波の発生を抑え、上向きの空気力を発生させることが狙いである。

ダイブブレーキの追加改修キットが、緊急で手配され、200機分がダグラスC-54輸送機に積み込まれてイギリスに向かった。だが、手違いで、このC-54がイギリス空軍の戦闘機に要撃され、撃墜されてしまった。まさに戦争秘話（悲話）のひとつだった。

## 双発単座プロペラ戦闘機の光と陰

長距離援護戦闘機というシナリオによって、多くの国でプロペラ双発戦闘機が開発されたが、いずれも、その目的では所期の成果を上げることができなかった。唯一の例外が、このP-38だった。

P-38の、この特異な能力を日本は予測できなかった。そして山本五十六連合艦隊司令長官は、“よもや”と思ったソロモン、ブーゲンビル島の上空で、このP-38に辻斬りされてしまった

ヨーロッパ戦線では、1943年11月から第８航空軍のB-17によるドイツ本土空襲に随伴し始め、援護の任務を果たしている。そして1944年３月３日にはベルリンの上空に姿を現わした。連合軍戦闘機隊としては最初の進攻だった。

ロッキード社のR. J. Fossは、前掲の論文の最後にP-51ムスタング、P-47サンダーボルトとの比較について、「それぞれの戦闘機に乗ったパイロットは『俺の飛行機が、一番いい』と言う。それぞれが、それぞれの戦場で、よく戦ったということだ。**そして、P-38にあって、他の戦闘機になかった特長は、双発だったことだ**」と書いている。たしかに数字で書かれた航続距離は同じでも、片発が停止しても飛行できた**双発**だったから、安心して大西洋を渡る空輸飛行ができたし、洋上飛行を多用する太平洋の戦場で重用された。

**だが、双発だったことが、P-38の最大の難点だった。**双発単座戦闘機には、エンジンが２基必要になる。それなら２機の単座戦闘機のほうが、戦力として有効なのではないか？

資源と生産能力のあるアメリカでも、サンダーボルトにP-47Nが、ムスタングにP-51Dが登場してくると、P-38でなければならない戦場はなくなった。P-38ライトニングが、硫黄島から日本本土の空襲に飛来することはなかった。朝鮮戦争では、もはやP-38の出番はなかった。

「暗闇の戦場」という新しいシナリオが描かれ、そこに双発・双胴の戦闘機が登場したが、それはP-38ではなかった。それはレーダーと強力な火力を備えた戦闘機**ノースロップP-61ブラックウィドウ**だった。

P-61はP&W R-2800-73（2,000hp/緊急出力2,800hp）の双発、武装は20㎜固定機関砲４門＋旋回機関銃塔12.7㎜４門、レーダーを備え、乗員は３人、離陸重量は3.45～17.2tに達し、翼面積は61.6㎡という巨大な戦闘機だった。そのシナリオに単座のP-38が代役で出る機会はなかった。

## FRONTIERへ挑戦するもの

悔しいが、アメリカも、ドイツも、イギリスも、戦時中から、真剣に「**音速の壁**」と取り組んでいた。この分野では、日本は大きく立ち遅れていた。

P-38は、この**技術のフロンティアに挑戦する**アメリカの、そして世界の航空技術の最先端にあった。

ロッキードの設計チームは、P-38ライトニングに続いて、アメリカ**最初**の実用ジェット戦闘機P-80シューティングスター、**最初**のマッハ２＋の戦闘機F-104、そして**最初**のマッハ３の飛行機A-11、SR-71と、技術のFrontierに挑戦し続ける。その輝くジェット戦闘機時代のロッキードの設計チームを率いたのが、P-38の空力設計、プロジェクト・エンジニアを担当したケリー・ジョンソン（Kelly Johnson）だった。

筆者は、ロサンゼルスで開かれた航空宇宙学会の特別記念講演会で、ケリー・ジョンソンに接することができた。「技術のFrontierに挑戦する飛行機を開発するときには、その飛行機が空中で遭遇する問題を、地上で再現し、確認し、テストすることが大切だ。それができるような研究設備を整え、その改良を不断に進めておかなければならない」。P-38ライトニングの「音の壁」への挑戦の話を聞き、ロサンゼルス郊外ライキャニオンの研究設備を見学させてもらっていただけに、この講演の締めくくりの言葉は重かった。そしてロッキードの技術は、最初のステルス戦闘機F-117を、そしてF-22ラプターとSTOVL戦闘機F-35をと、いまも技術のフロンティアに挑戦し続けている。

参考文献


“Quest for Performance/The Evolution of Modern Aircraft, NASA SP-468” by Laurence K. Loftin, Jr., 1985.

“Evolution of Aircraft Design”by AIAA（American Institute of Aeronautics and Astronautics）: CP789 1978.

“Airplane Stability and Control” by Malcolm J. Abzug, E. Eugene Larrabee, Cambridge Univ Press, 1997.

“L-1011 Tristar and The Lockheed Story” by Douglas J. Ingells, Aero Publishers, 1973

# 戦闘記録

## P-38ライトニング かく戦えり

解説：藤田勝啓

## ヨーロッパと太平洋での使用機数

ブリュスター・バッファローは駄作機だったといわれる。確かに1941年の開戦初頭から翌年にかけて極東方面に配されていたイギリス空軍やオランダ空軍のバッファローは日本機に散々にやられ、1942年6月のミッドウェイ海戦のときにミッドウェイ島から出撃した米海兵隊のF2A-3は19機のうち16機が撃墜されるという惨敗を喫した。しかし、44機のバッファローを輸入していたフィンランドでは、ソ連軍との戦いでめざましい働きを示し、38機撃墜のエースも生んでいる。規模は小さいものの、ベテランパイロットが多かったフィンランド空軍が、訓練不足のソ連空軍に勝っただけなのか。

ベルP-39エアラコブラはやはり太平洋戦域で日本機に圧倒され、イギリス空軍からは性能がカタログデータをはるかに下回ると発注機を突き返された。そして生産機の多くがソ連に貸与されたが、そこでは高い評価を受けた。当時のソ連空軍の戦闘機が貧弱なので、P-39でも歓迎されたのだろうか。

ことはそう簡単に言いきれるものではなく、さまざまな要素を突き合わせて検証しないと、変な思い込みをしてしまうことになる。

今回のテーマであるP-38ライトニングも一筋縄ではいかない戦闘機で、ヨーロッパ戦線と太平洋戦線での働き具合や評価がかなり違う。

表1はヨーロッパにおける戦いでのアメリカ陸軍戦闘機の活動をまとめたもので、いわゆるヨーロッパ戦域としてイギリスを本拠地に作戦した部隊と、地中海戦域の部隊を含んでおり、イギリス空軍から譲り受けて使った機体も入っている。

ノルマンディー上陸作戦のすぐ後、海岸に急造された飛行場で待機するライトニング。脇を装軌揚陸艇が走り、空には阻塞気球がいくつも上がっている。

その数字を見れば分かるように、ヨーロッパで主要な働きをしたのはP-47、P-51、P-38の3種の戦闘機だった。ソーティ数が一番多いのはP-47で、P-38はその約31%、P-51は61%にとどまる。空戦の撃墜数と地上での敵機撃破数はP-51がトップで、P-38はどちらもナンバー3となるが、爆弾の投下量ではP-47に続いて2位。

こうした数字からP-51はP-47の半分ほどのソーティ数でそれを上回る撃墜と地上撃破を記録したのだから、主に空中戦闘と飛行場の機銃掃射に使われたことが分かる。P-47は空中戦闘でもかなりの戦果を上げたが、対地攻撃に大いに働いた。この2機に比べるとP-38の影は薄いが、生産数がほぼ同じP-39や、それより数が多かったP-40より活躍している（P-39とP-40はかなりの部分が英連邦やソ連などに貸与され、アメリカ陸軍での使用数はP-38より少なかったが）。

なお、表の戦闘による損失の数字は空戦で撃墜された機体だけでなく、対空火器にやられたものも含むので、撃墜数と損失数の比率から空戦能力を推測することはできない。ただ、1ソーティあたりの損失率を見ると、P-47（0.7%）がP-51（1.2%）やP-38（1.4%）をかなり下回っており、サンダーボルトは被弾に強いという通説を裏付けている。

太平洋方面での活動に関する同様な統計がないのが残念だが、使われた戦闘機の比率はヨーロッパとかなり違っていた。表2はヨーロッパと太平洋方面（インド・ビルマ・中国戦線やアラスカも含む）で第一線部隊が保有した戦闘機の数をまとめたもので、半年ごとの数字ではあるものの、概況の把握に役立つだろう。表に含めてある損失機数は戦闘による損失と事故を合わせたもので、機種別の数字はないが、この合計数から戦闘の激しさの度合いがうかがえると思う。

1942年12月末の保有機は、ヨーロッパ方面ではP-38（302機）の数がP-39

**表1：ヨーロッパの戦いにおけるアメリカ陸軍戦闘機の活動**

| 機　種 | ソーティ数 | 爆弾投下量(t) | 戦闘による損失 | 空戦による撃墜 | 地上での敵機撃破数 | 1ソーティあたり損失率 |
|---|---|---|---|---|---|---|
| P-47サンダーボルト | 423,435 | 113,963 | 3,077 | 3,082 | 3,202 | 0.70% |
| P-51ムスタング | 213,873 | 5,668 | 2,520 | 4,950 | 4,131 | 1.20% |
| P-38ライトニング | 129,849 | 20,139 | 1,758 | 1,771 | 749 | 1.40% |
| P-40 | 67,059 | 11,014 | 533 | 481 | 40 | 0.80% |
| P-39エアラコブラ | 30,547 | 121 | 107 | 14 | 18 | 0.40% |
| スピットファイア | 28,981 | 212 | 191 | 256 | 3 | 0.70% |
| A-36アパッチ | 23,373 | 8,014 | 177 | 84 | 17 | 0.80% |
| ボーファイター | 6,706 | — | 63 | 24 | — | 0.90% |
| P-61ブラックウィドウ | 3,637 | 141 | 25 | 58 | — | 0.70% |
| 合　計 | 927,460 | 159,272 | 8,471 | 11,720 | 8,160 | 0.90% |

**表2：ドイツと日本に対する戦線の第一線部隊の戦闘機保有機数**
（数字は月末の機数。最下欄の「損失機数」は1942.6の場合1942年１月から６月という具合に、その前の６ヵ月の第一線部隊における戦闘と事故による戦闘機の総損失機数）

| | 1941.12 | | 1942.6 | | 1942.12 | | 1943.6 | | 1943.12 | | 1944.6 | | 1944.12 | | 1945.8 | |
|---|---|---|---|---|---|---|---|---|---|---|---|---|---|---|---|---|
| | 対ドイツ | 対日本 | 対ドイツ | 対日本 | 対ドイツ | 対日本 | 対ドイツ | 対日本 | 対ドイツ | 対日本 | 対ドイツ | 対日本 | 対ドイツ | 対日本 | 対ドイツ | 対日本 |
| 合　計 | | 232 | | 740 | 1,058 | 1,118 | 2,394 | 1,244 | 3,392 | 1,740 | 4,844 | 2,494 | 4,955 | 2,634 | 3,381 | 4,259 |
| P-38 | | | | 24 | 302 | 125 | 516 | 187 | 596 | 356 | 905 | 560 | 575 | 694 | 182 | 1,142 |
| P-39 | | 24 | | 330 | 210 | 354 | 350 | 417 | 241 | 214 | 244 | 22 | | | | |
| P-40 | | 156 | | 369 | 259 | 618 | 717 | 554 | 432 | 630 | 139 | 522 | | 227 | | 51 |
| P-47 | | | | | 88 | | 341 | 59 | 1,514 | 391 | 2,176 | 1,133 | 2,244 | 865 | 1,749 | 1,329 |
| P-51 | | | | | | | 290 | | 399 | 100 | 1,284 | | 2,039 | 681 | 1,368 | 1,506 |
| 夜戦 | | | | | | 21 | | 13 | 45 | 21 | 90 | 204 | 97 | 167 | 82 | 231 |
| その他 | | 52 | | 17 | 199 | | 180 | 14 | 165 | 28 | 6 | 53 | | | | |
| 第二線機 | | 58 | | 44 | | 30 | 19 | 24 | 64 | 157 | 258 | 299 | 619 | 368 | 747 | 208 |
| 損失機数 | | | | 425 | 206 | 337 | 812 | 432 | 1,167 | 711 | 3,089 | 459 | 3,856 | 1,137 | 2,603 | 1,775 |

やP-40をいくらか上回っているが（P-47とP-51はまだ登場していない）、太平洋方面ではP-40（618機）が一番多く、P-38(125機)はP-39より少ない。P-39やP-40より性能がまさり、航続距離の大きなP-38は引っ張りだこだったが、ヨーロッパの方に優先的に配備されていたのだ。

1943年12月末になっても太平洋方面ではP-40（630機）がもっとも多く、P-39（214機）もまだかなりあるが、P-38（356機）は数を増し、それにP-47（391機）とP-51（100機）が加わっている。一方、ヨーロッパ方面ではP-47（1,514機）が機数では一番になり、P-38（596機）、P-40（432機）、P-51（399機）がそれに続く。

そして、ヨーロッパではP-47とP-51の数が増加を続け、P-38が占める比率は減っていったが、太平洋方面では1944年12月末にはP-38（694機）、P-47（865機）、P-51（681機）がほぼ肩を並べる状態になっている。

## 第8航空軍におけるP-38

こうした数字からP-38が占めた位置の違いが分かるが、ヨーロッパ方面でP-38はどう使われたのだろうか。

1941年12月の真珠湾攻撃によって戦争が始まると、アメリカ陸軍航空軍は太平洋用方面に当面の手当を行なう一方、ヨーロッパではイギリスを基地にする第８航空軍が戦略爆撃を開始することを最優先課題とし、爆撃機の援護用として1942年夏にP-38Fを装備する第１および第14戦闘航空群を送った。

しかし、実戦訓練のようなフランス沿岸部への出撃を何回か行なっただけで（交戦はなし）、北アフリカ上陸作戦の支援に転用されることになり、それらに続いて配属されたP-38G装備の第78および第82戦闘航空群も1943年初めに北アフリカの第12航空軍に転属となった。

北アフリカにいるイタリア・ドイツ軍を駆逐して、ヨーロッパ大陸反攻への確固たる足掛かりとすることはきわめて重要なことで、そちらに新鋭戦闘機P-38を回すのは当然ともいえたが、B-17やB-24の保有機数が増加して数百機の大編隊を組んで出撃できるようになれば、その強力な防御火器でドイツ戦闘機に対抗し、損失を低いレベルに抑えられると当時は考えられていたことも影響していた。

そして、第８航空軍では増槽を装備したP-47やイギリス空軍のスピットファイアなどに途中まで援護させることにしたが、爆撃機だけによるドイツ本土侵攻は大きな損失を出し続けた。長距離援護戦闘機が必要なことは明らかだったが、P-47では増槽を大型化しても爆撃機に随伴し続けることはできないので、1943年の夏に再びP-38Hを装備する第20および第55戦闘航空群が第８航空軍に配備された。

P-38HはP-47より戦闘行動半径が大きく、同年11月から燃料搭載量を増したP-38Jが引き渡されて、遠い目標に向かう爆撃機でも終始援護できるように

Photo : USAF

1943年に改めてイギリスの第８航空軍に配属された第55戦闘群のP-38H。脇に並んでいる165gal増槽を使い、長距離援護での活躍が期待されたが、エンジン関係の故障が続発した。

なった。そして第364、第479戦闘航空群も追加されたが、1944年1月からP-38と同様な長い航続距離を備えるP-51Bの配属が始まり、P-51Dがそれに続いたので、P-38の相対的な地位は低下した。同年7月、P-38Jを装備していた4つの戦闘群のうち3つはP-51への機種転換を開始し、残る1つも9月27日にP-38による最後の出撃を行ない、使用機をP-51に替えた。

それらで使っていたP-38Jは戦術航空部隊である第9航空軍や地中海方面の第15航空軍に補充機として回され、ライトニングはドイツ降伏までヨーロッパで戦い続けるが、第8航空軍では1年足らずしか実戦に使われなかったのだ。

なぜ、第8航空軍ではP-38を早期に手放したのか？　それはP-38がいろいろな問題を抱えていたためであった。別のところで述べられているが、高空からダイブするとタックアンダー状態に陥る危険性があり、それはダイブフラップの追加により緩和されたものの（フラップはしばしば破損し、9回も修理した機体があったという）、高空を飛行するとエンジンの故障が頻発した。

P-38Jから装備された新しい中間冷却器のコントロールがうまくいかず、気化器に送る圧縮空気を冷やし過ぎてトラブルを起こすことがあり、またターボ過給機のレギュレーターが暴走して破損をもたらしたり、高度25,000ft以上だと滑油の消費量が4倍近くになり、滑油不足でエンジンの耐用時間を半減させることになった（第8航空軍の整備部隊の統計では通常は約155時間使えるが、25,000ftで使うと80時間14分）。

ここでちょっと補足しておくが、高高度の飛行では問題を生じたようだが、V-1710エンジン自体が信頼性に欠けていたわけではない。アメリカ本土の整備機関が1944年に多数のサンプルデータを集めた調査ではV-1710エンジンの平均耐用時間は186時間とされ、P-51に搭載されたV-1650マーリンの133時間より長いのだ。もっとも、空冷エンジンの方がこれらよりずっと耐用時間は長く、R-1820は491時間、R-2800は341時間となっている。

Photo : USAF

マッカーサーがついに奪回したフィリピンの飛行場の上をライトニングの編隊が駆け抜ける。下には駐機しているのは写真偵察型のF-5。

そうしたエンジン関係のトラブルに加えて、コクピットが寒いという問題があった。P-38Jでは暖房用空気の量を2倍にしたのだが、それでもまだ寒く、パイロットの批判の種となった。南方の太平洋戦線でもコクピットが寒いと非難されたが、太平洋では高空を長時間にわたって飛行する必要がほとんどなかったのに対し、第8航空軍のP-38は爆撃機に随伴して高空を長い時間飛ばなければならなかったので、寒さが身にしみわたったのだ。それに降りてくれば暖かい（歩いても暑くてたまらぬ）というのと、冬季の作戦で寒気の厳しいイギリスに降り立つというのでは大きな違いがある。

1944年2月にP-38を使っていた戦闘航空群のうち2つは、寒気による影響を緩和するため巡航高度を22,000ft以下にするという方針を定めたが、長距離援護作戦に併用されたP-51の方は暖房が充分に効き、ぬくぬくとして飛んでいる。皆が同じ苦難を耐え忍んでいるのなら我慢できることも、自分たちだけが、となると不満に感じるのは人の常で、頻発するエンジン関係の故障

P-38が搭載した165galタンクへの燃料補給。ドラム缶は55gal入りで、この3本分がタンクに入るわけだ。もっと大型な300galタンクも使用できる。

“ツインドラゴン”と名乗り、インドから作戦した第80戦闘群のP-38J。この日は出撃の予定がなかったか、整備員がのんびりとくつろいでいる。

もあって、部隊の士気は低下した。

故障の発生率やそれによるアボート（ミッションの途中で引き返す）の統計を目にしたことはないが、P-38装備部隊のひとつである第20戦闘航空群はしばしばアボート機を出し、最悪だった1944年２月４日には48機出撃したうち24機が引き返している。

1944年の初めに戦闘機は爆撃機に随伴するだけでなく、独自に行動してドイツ戦闘機と積極的に戦うという新しい方針が打ち出された。爆撃作戦を始めたごく初期の段階で同じような方策がとられたが、ドイツ側が戦闘機との対決を避けたので成果が上がらず、戦闘機の任務は爆撃機を守ることにあるとされていた。それが戦闘機の任務は敵の戦闘機を撃滅することにあると改められたわけで、決定を下したのは第８航空軍の新しい司令官になったジェームズ・ドゥーリトル将軍だった。戦闘機の保有機数がかつてとは比べものにならないほど増加していたので可能になったことだが、彼は自伝に「戦時における最大の決断だった」と書いている。

1944年２月にはイタリアの第15航空軍も連携して“ビッグ・ウィーク”の名で総力を挙げたドイツ空軍に対する攻撃が実施された。爆撃機は航空機工場に大規模な爆撃に加え、戦闘機はドイツのいたる地域を飛び回り、飛行場を襲い、戦闘を強いて、ドイツ空軍を叩きに叩いたのである。終戦で捕虜になったドイツのゲーリング元帥は、自殺する前の尋問において、「あれでドイツ空軍の背骨がへし折られた」と述べている。

そして、1944年６月のノルマンディー上陸作戦が成功。そこで第８航空軍がP-38やP-47を第９航空軍と第15航空軍に回し、使用機をP-51に統一する方向に動いた。P-38の戦闘能力が通用しなくなったわけではないが、前述の問題点に加え、整備の手間や乗員の訓練・補充といったことも考えにいれ、P-51だけを使うことにしたのである。

なお、第９航空軍は1942年初めから中東でイギリス空軍と手を組んで活動していたアメリカ中東航空軍を母体にして同年11月に設立され、北アフリカ上陸作戦のために新設された第12航空軍とともに戦った後、1943年10月イギリスに司令部を移して戦術攻撃を担当した。P-38が配属されたのは1944年初めからで、第367、第370、第474戦闘航空群が同航空軍の主力であったP-47とともに戦ったが、1945年２～３月に第370戦闘航空群はP-51に、第367戦闘航

Photo : USAF

アルジェリアに展開した第14戦闘航空群のP-38Fが機銃の試射をしている。この航空群はドイツやイタリア機と戦い、大きな損害を出した。

空群はP-47に機種を転換し、ドイツ降伏時までP-38を使ったのは第474戦闘群だけだった。

## 北アフリカのP-38

前述のように、当初第８航空軍に配備されたP-38部隊はみな北アフリカの第12航空軍に回された。イギリスに展開した最初の部隊が大西洋を横断して飛行したことが示すように、増槽を付ければ大きな航続距離が得られるので、イギリスからアルジェリアのオランまで約2,400kmを無着陸で飛行している。

その先陣を切った第14戦闘航空群は1942年11月11日に最初の出撃を行ない、21日にB-17の護衛中に襲ってきたBf 109の１機を撃墜、地中海方面で最初の戦果を上げた。なお、第１戦闘航空群の３個飛行隊のうち１つは、部隊がイギリスに移動する途中でアイスランドの防衛用に残され、その１機が1942年８月25日にP-40が偵察にきたFw 200を攻撃しているのに加わり、共同で撃墜したが、これがヨーロッパ方面におけるP-38の最初の撃墜記録である。

P-38はインターセプターとして開発され、それにふさわしく敵機の迎撃にあたることもあったが、爆撃機の援護や爆弾を積んでの対地攻撃が主要な任務となった。長距離戦闘機として開発されたドイツのBf 110、日本の「月光」より機内燃料搭載量は少なかったが、翼下に大型の増槽を搭載することで大きな航続性能を獲得できたのだ。翼下のパイロンは爆弾搭載にも利用でき、P-40が500ℓb爆弾２発までしか搭載できなかったのに対し、1,000ℓb爆弾２発を積めた（後には近距離の作戦ならば2,000ℓb爆弾２発の搭載も可能になった。やはりインターセプター（局地戦闘機）として開発された「雷電」だったら、そんな任務をこなせるはずはないが、P-38は双発でパワーに余裕があり、それに三車輪式降着装置を用いていたので、翼下パイロンに大型なタンクや爆弾を搭載しやすいという、開発当初には考慮していなかったであろう長所を備えていたのである。主に使用した150galタンクのほかに、必要な場合は300galタンクも搭載できたが、これほど大きなタンクを積んだ戦闘機はほかにない。

太平洋戦域で大きな戦果を記録した第475戦闘航空群の指揮官マクドナルド大佐の乗機“PUTT PUTT MARU”（カラーページP.12参照）。

P-38が北アフリカにかき集められたのは当時の主力であったP-40とP-39より性能が優れていたからだが、そこでの戦いは厳しいものだった。ドイツとイタリア空軍には戦闘経験を積んだベテランが混じっており、それに数の上でも優勢だったのだ。対地攻撃時の対空火器による損害もあって、第14戦闘群は戦闘に加わってから２ヵ月半で当初54人いたパイロットのうち32人を失い、後方に退いた。その間に62機の枢軸空軍機を撃墜したが、そのなかには輸送機なども含まれ、後で触れるように、空戦の戦果はかなり過大になるのが常なので、パイロット喪失数のなかに対空火器によるものが含まれているとしても、敵戦闘機との空戦では劣勢だったのではなかろうか。

1942年12月から戦闘に加わった第82戦闘群は、翌年５月までに64機のP-38を失ったものの、199機を撃墜したとされている。これもその内訳や実際の戦果は不明だが、パイロットたちが負け

サイパンから硫黄島を攻撃し、右翼に大きな穴を空けられたものの、飛行を続けるP-38L。この写真を撮影したB-24に随伴され、無事に基地に帰り着いた。

1942年11月24日、海岸の飛行場から離陸しようとしている零戦に爆弾を投下し、爆弾は外れて海面に落ちたものの、その水煙に突入した零戦が墜落したという珍しい戦果を上げた第35戦闘航空群第39戦闘飛行隊のロバート・フォロット大尉。
*Photo : LIBRARY OF CONGRESS*

アメリカのパイロットのなかで40機という最高の撃墜数を記録したリチャード・ボング大尉。太平洋戦線ではかずかずの修羅場をくぐり抜けたものの、本国に帰還後、P-80のテスト中に墜死した。
*Photo : LIBRARY OF CONGRESS*

てはいないと自信をもつようになったことだろう。

## 飛行距離2,000㎞の爆撃作戦

北アフリカおよび中東地域で枢軸軍を破った連合軍は、続いてシシリー島を攻略、さらに1943年９月にはイタリア本土に上陸した。そこで戦略爆撃部隊として設立された第15航空軍にP-38部隊はすべて吸収され（第12航空軍は戦術部隊となった)、翌年４月からP-51とともに爆撃機の援護や対地攻撃にあたった。

P-38が行なったミッションのうちで特異なのは、1944年６月10日のプロエスティ攻撃だった。ルーマニアのプロエスティにある製油施設はドイツにとって重要な燃料供給源であり、1943年８月１日の有名なB-24編隊による低空爆撃を皮切りに、何回か爆撃が重ねられていたが、P-38だけで爆撃を行なったのである。爆撃機が破壊できなかった施設がまだ残っており、P-38が低空で侵入すれば敵の監視をくぐり抜け、奇襲攻撃によって破壊できると考えられたのだ。

第15航空軍のP-38が基地としたイタリアのフォッジアからプロエスティへの往復はほぼ2,000㎞という長距離だったが、この日片側に1,000ℓb爆弾、反対側に増槽を吊るした第82戦闘航空群の46機のP-38Jと、その護衛にあたる第１戦闘群の48機のライトニングが出撃した。途中でアボートする機体があったので目標地域に到達したのは36機と39機になったが、それを敵の戦闘機が襲った。監視レーダーがその接近を見逃さず、その知らせを受けたルーマニア空軍のIAR 80戦闘機とドイツ空軍のBf 109が待ち構えていたのだ。

この戦闘でハーバート・ハッチ中尉は５機のIAR 80を撃墜したが、対空火器による損失も合わせて第１戦闘航空群は14機、第82戦闘航空群は９機、計23機という甚大な損害を出した。攻撃されながらもP-38の一部は目標に爆弾を投下し、かなりの損害を与えたと報告したが、実際には損害は軽微なものだった。その後、同様の作戦は二度と行なわれていない。

第15航空軍はイタリアから出撃して枢軸側を爆撃した後、反転せずにそのまま飛び続けてソ連に着陸し、燃料と爆弾を補給して帰路にもまた爆撃を行なうというシャトル爆撃を何回か行なった。もちろん、それにはP-38とP-51が付き添ったが、ちょっとおもしろいエピソードを紹介しておこう。

1944年８月４日の作戦で、P-38は進路に近いドイツ空軍の飛行場を攻撃することになっており、それに突入しようとしたとき１機が対空火器に被弾し、飛行を継続できずに草原に不時着した。そこで僚機がすぐさまその近くに着陸し、迎撃してきたBf 109を味方のP-38が阻止している間に、不時着機のパイロットをコクピットに座らせ、自分はその股の上に腰掛けて離陸し、無事に救出した。ノモンハンでそうした救出劇がソ連と日本の双方で演じられたことはよく知られているが、P-38もそれを再演したのである。

## 二式水戦との戦い

太平洋戦争開戦時、部隊に配備されていたP-38の機数はわずかなものだった。その一部はすぐさま西海岸に送られたが、それは映画『1941』に描かれていたように、日本軍がアメリカ本土に攻撃をかけてくるかも知れないという危惧があったからだ。

1942年初めにはアラスカにも少数のP-38Dが送られた。P-38Dは戦闘に使えるような状態ではないとされていたものの、この方面への来襲も心配されたためだが、その恐れが現実化し、６月に日本軍がアリューシャン列島のアッツ島とキスカ島に上陸して占領した。

P-38Dの代替にP-38E（増槽が搭載可能なP-38Fの規格に急いで改造されていた）の１個飛行隊が送り込まれていたが、８月４日偵察にきた九七式飛行艇を撃墜した。これがP-38の最初の撃墜記録である（前述のようにヨーロッパ方面では同月25日に記録)。

そして、エイダック島を前進基地として９月３日には、B-24に随伴してキスカの日本軍を攻撃した。出撃したの

Photo : LIBRARY OF CONGRESS

【左】 ボングに次ぐ38機の撃墜を記録したトーマス・マクガイア少佐の乗機。37機と38機の撃墜マークをこれから描き込むところらしい。

【右】 一時はボングと撃墜数のトップ争いをしたが、1944年３月に戦死した第39戦闘飛行隊隊長のトーマス・リンチ大尉。

はB-24が６機、P-38が５機という小規模なもので、しかもB-24の５機とP-38の３機が悪天候のためアボートするという有様だったが、攻撃を敢行してP-38は停泊していた水上機４機を撃破して無事に帰投した。この作戦は往復2,000kmに達し、それまでで最長の作戦飛行だった。

リンドバーグが南太平洋のP-38部隊に航続距離を延長するエンジンの扱いを教えたことは有名だが、すでにこちらではそうした研究をやっていたのである。洋上を飛行することが多く、しかも天候がいつ急変するか予測しにくいこの戦域では、長時間飛行できることが生死を分けることになるかも知れなかったのだ。

このアリューシャン方面の航空戦は小規模なもので、ときおり日本軍が配備していた二式水戦と戦う程度だった。しかし、攻撃に向かったB-25とP-38が４機の二式水戦に襲われ、その１機を撃墜したものの、B-25 １機とP-38 ２機が墜とされた日もあった。もちろん、たいていの場合はP-38が勝利を収めている。

## 太平洋方面の花形

開戦から日本に押しまくられ、オーストラリアに後退せざるを得なかったアメリカ軍は、1942年８月に反撃の足がかりとしてソロモン群島のガダルカナル島に上陸し、航空部隊はニューブリテン島のラバウルから来襲する日本機と死闘を繰り広げることなった。

この方面に初めてP-38が到着したのは11月のことで、輸送船で運ばれた12機のP-38Gはすぐさま組み立てられ、第13航空軍からガダルカナルに送られていた第347戦闘航空群の第339戦闘飛行隊に配属された。初めて出撃したのは同月18日で、B-17の護衛にあたり、襲ってきた日本機３機を撃墜した。

それとは別にオーストラリア所在の第５航空軍には25機のP-38Fが到着し、第35戦闘航空群の第39戦闘飛行隊に配されたが、全機の翼前縁中間冷却器に漏れのあることが判明、その修理に手間取り、戦闘に参加したのは12月になった。

洋上飛行が主になる太平洋戦域では航続距離が大きく、双発という安心感があり、そして日本機との空戦に強いP-38を歓迎し、本国にもっと送るようにたびたび要望したが、ヨーロッパへの配備が優先されていたので、わずかな機数しか送られてこなかった。

かなりの機数が揃うのは1944年に入ってからだが、それでも第５航空軍などは「もっと送れ、もっと送れ」と催促を繰り返している。その要望がなかなか満たされなかったのは、ロッキード社における生産がうまい具合に軌道にのらなかったからだが、1944年になると新設の工場にほかの機体の生産を移し、元の工場をP-38専用に近いかたちにしたり、下請けをうまく組織して生産量を大幅に上げている。1943年の引き渡し機数が2,213機だったのに対し、1944年は4,186機にも達したのだから凄い。

それで「物量にものをいわせて」と日本側にくやし文句をいわせるような状態になっていくのだが、初期には少ない機数で戦ったのだ。その速度性能は零戦や一式戦「隼」を上回り、上昇力でも大きな差をつけ、火力でも勝っていた。日本戦闘機と旋回戦闘に入るような愚を犯さなければ、P-38の方が優勢に立てたであろう。

日本側でぺろりとやっつけられるから「ぺろハチ」と呼んだ部隊があったというが、一般に通用する呼び方ではないし、そんなことを言えるのは生き残ることができたからで、P-38に墜とされた多くのパイロットの亡霊は、「ぺろハチ」なんてとんでもないと反論することだろう。

## 山本長官機の撃墜

1943年４月14日、アメリカ海軍は日本軍の暗号を解読し、山本五十六連合艦隊司令長官が４月18日にラバウルから前線の視察におもむくことを掴んだ。その報告を受けた米太平洋艦隊司令長官ニミッツ提督はその乗機の撃墜を考え、翌15日計画の策定を命じたが、その任務がこなせる可能性があるのはガ

第８戦闘航空群第80戦闘飛行隊のサイ・ホーマー大尉のP-38H。機首に16個の撃墜マークを描いている。

第８戦闘航空群第80戦闘飛行隊のジェイ・ロビンス大尉のP-38J。21個の撃墜マークが描かれているが、彼はさらに１機をスコアに加えた。

ダルカナルに所在する陸軍のP-38しかなかった。そこで第339戦闘飛行隊を指揮するジョン・ミッチェル少佐に特命が下った。

ラバウルからブーゲンビル島に向かう山本機をガダルカナルから襲うとなると、往復で1,400km近い飛行になる。300galタンクを使用したいところだが、ガダルカナルには165galタンクしかない。そこで緊急指令が出されて300galタンクが空輸されてきたが、数が足りないので18機（飛行可能だった全機）には165galと300galのタンクを１つずつ搭載することにされた。

山本長官が時間厳守の性格であることを掴んでいたので、予定どおりに行動すると考え、その離陸時刻から迎撃するのはブーゲンビル島の近く、時刻は午前９時45分という設定で、18機のP-38Gは７時15分に離陸を開始した。そのうちトーマス・ランフィア大尉が率いる４機が攻撃隊として乗機である一式陸攻を襲い、ミッチェル少佐が率いる14機が援護することになっていたが、攻撃隊のうち２機がアボートしたので、援護隊から２機がそちらに回された。

編隊は目標地点にまっすぐ飛行すると、途中の島々にいる日本軍に察知される恐れがあるので、５回の変針によりそれらを大きく迂回するコースを超低空で飛行した。ミッチェル少佐は地図と時計とコンパス（機体に装備していたものは信頼性に欠けると、海軍のものを付けた）だけを用いて先導する。そして予定したより１分早いだけの９時44分に目標地点に到着、機影を発見した。

予想と違っていたのは、一式陸攻が１機ではなく２機いたことだった。それらを撃墜、護衛の零戦との空戦で１機がやられたが、５機を撃墜して帰還した。その後の報告を突き合わせると、一式陸攻は３機いたらしいとされ、ランフィア大尉がその１機、僚機のレックス・バーバー中尉が１機と、別の１人と共同で１機ということにされた。

どの機体に山本長官が乗っていたのかは不明だったが、ランフィア大尉は自分がやったのだと帰投直後から言い続け、戦後手記を雑誌に寄せたりしたので、彼が撃墜したと一般には信じ込まれた。だが、日本側の記録から一式陸攻が２機だけだったことが分かり（５機撃墜したとされた零戦もすべて無事だったが、日本側もP-38を３機撃墜と過大にみていた）、撃墜記録の公認を担当する部局はジャングルに墜落したのが山本機であり、ランフィアとバーバーが撃墜したと主張したのはその機体だと判定、共同撃墜（それぞれの撃墜は1/2機）に公式記録を訂正した。

しかし、ランフィアは単独撃墜だと主張し続け、日本側生存者の記録や証言を照らし合わせると、バーバーの方の可能性が高いと考えたグループが彼を支援して公式記録の判定見直しを求める訴えを1985年に起こした。そのとき、すでにランフィアは死去していたが、世間では共同撃墜と判定されていることさえ知らず、彼が撃墜したと一般に信じられているので、日本側の記録やいまも残っている機体の残骸を公式に調査して、はっきりさせてほしいとしたのである。アメリカ戦闘機エース協会はその主張を認めて、協会での記録をバーバーが撃墜と改訂し、空軍も委員会により再検討を行なった。

バーバーはその一式陸攻を後方から攻撃し、機体の一部が吹き飛び、煙を曳きながら降下していったので撃墜と判断したと報告しており、日本側でも後方から攻撃されたとしているので、間違いないとしたわけだ。一方ランフィアは攻撃にかかる前に零戦に襲われ、それを撃墜したあと（実際には落ちていなかったのだが）、一式陸攻を見つけて横方向から射撃し、主翼が折れて、ジャングルに落ちるのを見たとしていた。

バーバー側では残骸の現地調査で、折れた主翼は機体のすぐ近くにあり、立ち木にぶつかって折れたと見るのが妥当であり、また機体に見られた弾痕も後方からのものだけで、ランフィアのいうような横方向からの射撃の弾痕はまったく見つからなかったとも主張したが、空軍の委員会は共同撃墜という判定を覆すだけの新しい証拠はないとした。撃墜に関する規定では、攻撃して弾丸を命中させた者が複数いた場合、その度合いがどうあれ、共同撃墜とすることになっており、ランフィアの撃った弾丸が1発も当たらなかったとは言い切れないとしたわけだ。

バーバーも2001年に死去したが、SYMA（Second Yamamoto Mission Association）という支援団体は、いまも記録の訂正と、バーバーに議会名誉勲章を授与する法案の成立を求めて活動している。インターネットにサイトがあり、記録などを公開しているので、興味のある方は覗いてみるといいだろう。

とはいえ、いまさらどうでもいい、という感じがするし、射撃をした2人よりも編隊を指揮し、卓越した航法技術でピタリと目標に到達させたミッチェル少佐の功績のほうが大きいと思うのだが。

### 撃墜数の真偽は

太平洋戦線でP-38は大いに活躍し、米軍では最高の撃墜数に達したリチャード・ボング（40機）を筆頭に多数のエースを生んでいる。部隊としての撃墜数も第49戦闘航空群が678機、第475戦闘航空群（ほかに飛行機を使った時期を少し含む）が545機といった具合に大きい。

ただ、撃墜の戦果というのは過大になるのが常で、ごくまれに逆のケースもあるが、ある程度の期間になると、実際には下回っていたということはないはずだ。

双方の記録を照合していけば、実態が浮かび上がってくるだろうが、すべての記録をチェックするのは不可能なので、第5航空軍、後にその上部機関である太平洋航空軍を指揮したジョージ・ケニー大将の回想録（"General Kenney Reports"）と防衛庁（現防衛省）戦史室の戦史叢書『東部ニューギニア方面陸軍航空作戦』のサラモア方面での空戦に関する記述をいくつか比較してみよう。それぞれカッコ内で米側、日本側として、「撃墜不確実」とされるものは除外した。

1943年7月21日：18機の日本機を撃墜、損失は2機（米側）、9機を撃墜、4機未帰還、5機が途中の飛行場に不時着（日本側）。

Photo : USAF

アイスランドに配されたP-38F。いかにも寒そうな雰囲気が伝わる。コクピットの暖房が効かないと文句をいわれ続けたP-38だから、高空に上昇したらさらに厳しい寒気に耐えねばならなかった。

同7月23日：13機の日本側を撃墜、損失は1機（米側）、2機を撃墜、2機未帰還、6機が途中の飛行場に不確実（日本側）。

同7月26日：11機を撃墜、損失なし（米側）、1機撃墜、一式戦が数機と3式戦3機が途中の飛行場に不時着したが、後全機帰還（日本側）。

同8月15日（これはP-39が戦闘したとき）：爆撃機11機と戦闘機3機を撃墜、損失は3機、地上で輸送機2機が破壊される（米側）、P-39を14機撃墜、地上の輸送機4機を破壊、九九双軽6機と戦闘機3機が未帰還（日本側）。

同8月16日（P-38とP-47が戦闘）：P-38は戦闘機8機と爆撃機2機を撃墜、損失はなし。P-47は爆撃機3機と戦闘機1機を撃墜、損失は1機（米側）、14機を撃墜、戦闘機3機が未帰還（日本側）。

同8月17日：ウェワク地域の飛行場群をB-25などで攻撃し、地上で150機以上を破壊（米側）、奇襲を受け、戦闘機は離陸の機を失い、飛行機の炎上大破約50機、中小破約50機（日本側）。

お互いに戦果を非常に過大に見ていたわけで、これだけの例でインフレ率を弾き出しても意味はないが、それぞれの戦闘記録を読むときは数字をかなり割り引いて考える必要があるだろう。

なお、前述の山本長官機撃墜作戦の場合、P-38にはガンカメラが付いていなかったが、そうしたフィルムと目撃者の証言を照らし合わせるのが普通で、当人の言い分だけでは撃墜とは認定されない規則になっていたはず。作戦から帰投したあと、ざっとした報告がなされただけで、参加した全員の報告を厳密に照合するというようなことはされなかったという。遭遇した一式陸攻をみな撃墜したのだから、それで充分とされたらしい。それから類推すると当時の撃墜の判定がかなり甘かったのではないかと思われるが、あまり厳密にやると士気にかかわるというのも事実だろう。

日本側でもそれは同様で、実際の戦果をきっちり把握したら、がっくりして戦う気が失せたかも知れない。九七戦が大活躍したとされるノモンハンの空戦も、ソ連側の記録と照合してみると、戦果は実数の6倍くらいになっており（ソ連側の4倍くらいのオーバー・エスティメート）、それが分かったら、次の「隼」に対する要求も違ったものになった可能性がある。

ただ、実際の機数がどうであれ、P-38が主役となって太平洋方面の日本の航空部隊を壊滅させたことは動かせない事実であり、その功績を認めるべきだろう。

いわゆるCBI（中国・ビルマ・インド）戦線に配備されたP-38はさほど多くないが、ビルマでP-38に遭遇したことのある日本のエース黒江保彦大尉は、単機で飛ぶP-38（偵察型だったのではなかろうか）を「隼」で追ったが、どうしても追いつけず、相手が油断するのを待とうと、翼の蔭に隠れるような位置で辛抱強く追跡を続けたという話を雑誌に書いている。

相手が後方を確認するため機体を傾ける気配を見せると、それに合わせて飛行位置をずらし、それを何度も何度も繰り返して、ついに巡航速度に落としたときに接近して死角から撃墜することに成功したが、その速度性能はたいしたものだったと感心している。

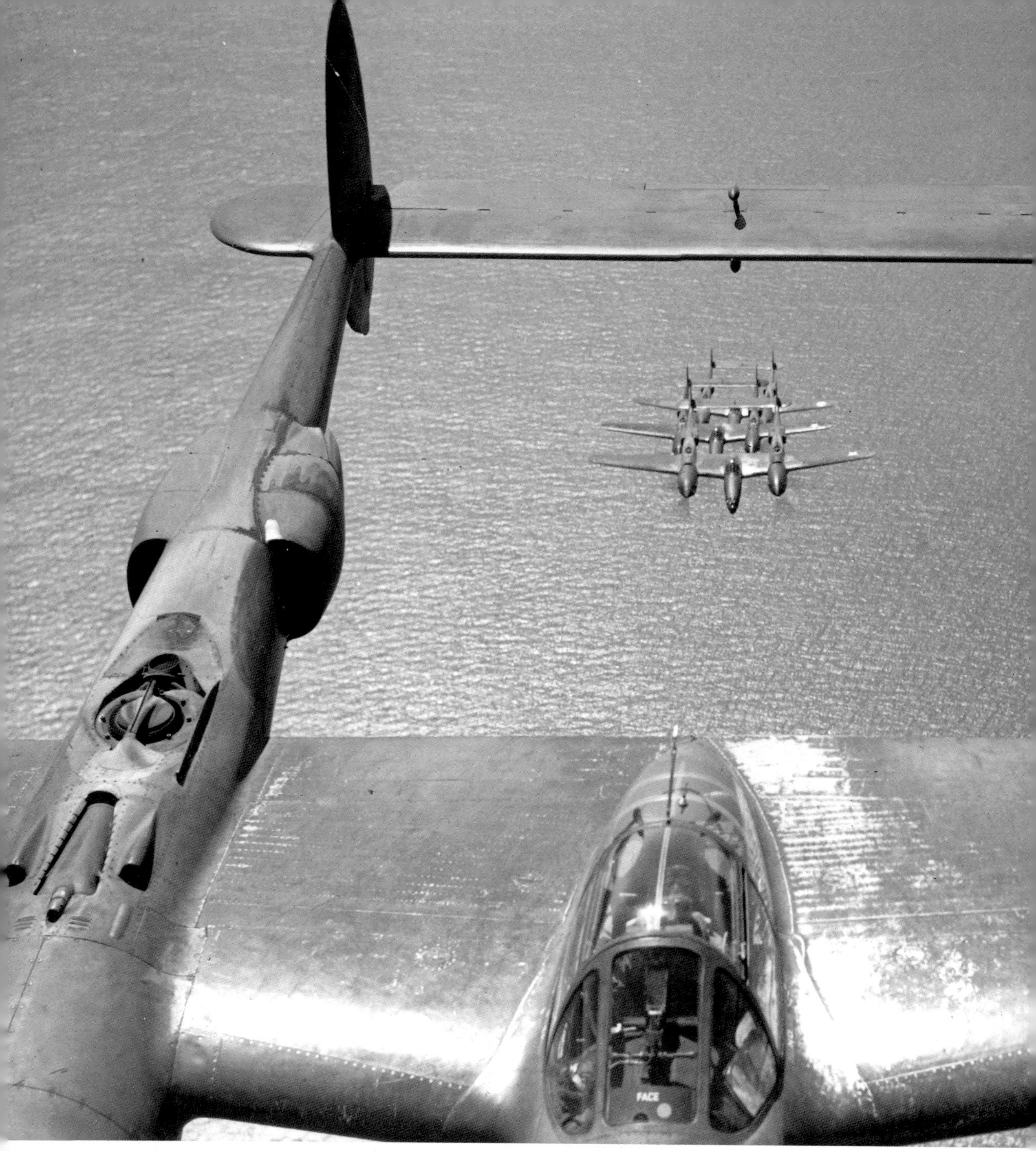


# LIGHTNING IN ACTION
## P-38インアクション
写真解説：藤田勝啓 *Photo Caption : Katsuhiro FUJITA*

⬆ カラーページ（P.5）にある写真と同じときに撮影されたもので、米西海岸で飛行訓練を行なっていた第82戦闘航空群のP-38E。ブームの上面に装着された円形のターボ過給機がよく分かる。水滴型キャノピーを付けているので後方視界はよさそうだが、防弾鋼板があるので真後ろは見ることができず、そしてブームと尾翼により視野がさえぎられる部分もあって、視界はさほどよくなかったという。この機体にはまだ付けられていないが、前部風防の上面にリアビュー・ミラーが追加されたのは後方視界を確保するためだ。なお、第82戦闘航空群はP-38Fに機種を更新してイギリスに派遣されたが、P-38EはF型のように増槽搭載用パイロンを追加した機体がアラスカに送られ、P-38では初の戦果を記録した。

Photo : U. S. ARMY

⬆ ヨーロッパ展開にあたり、増槽を付けたP-38は戦闘機としては初めて大西洋を横断するフェリー飛行を実施したが、事故が少なくなかったので、空母や輸送船による水上輸送が主になった。太平洋方面にはもっぱら水上輸送で、主にオーストラリアに陸揚げされて組み立てが行なわれた。写真は1942年９月、ニューカレドニアのヌーメアの港で陸揚げされ、街中を飛行場まで運ばれるP-38F。船に積みやすくするため、外翼とプロペラが外され、そして潮風から機体を守るため、ターボ過給機などの開口部がシールされている。船上ではさらにその上にカバーがかけられた。

➡ 1944年10月20日、米軍がフィリピンのレイテ島への上陸作戦を開始したのにともないレイテ沖海戦が起こり、連合艦隊が大きな損害を出したことはよく知られているとおりだが、写真は日本機の攻撃に備えてレイテ湾の上を飛行する第475戦闘航空群のP-38L。海面には白い航跡を曳いた２隻の上陸用舟艇のほかに、軍艦や輸送船らしいものがあちこちに見える。日本の航空部隊は艦船や上陸部隊にたびたび攻撃をかけたが、米艦載機やP-38などにより戦力を消耗していった。

Photo : D-COLLECTION

⬅ 太平洋方面で目覚ましい働きをしたP-38部隊のひとつは“Satan's Angels”として知られる第475戦闘航空群で、1943年８月から終戦までに552機の日本機を撃墜した。空戦によるP-38の損失は80機で、勝率は6.9：１。空戦の戦果は過大になるのが通例で、実際に撃墜した機数は552機をかなり下回ると思われるが、優勢に戦ったことは間違いなかろう。写真は1944年４月、B-25部隊を援護してニューギニアのラエに近いフォン湾上空を飛行する同戦闘航空群の第431戦闘飛行隊のP-38Jで、先頭を飛ぶのは群司令のチャールズ・マクドナルド中佐。B-25の尾部銃座から撮影したものである。

⬆ ビアク島のモクマー飛行場で武装の整備が行なわれるP-38J。４挺の12.7㎜機関銃が取り外され、ドラム缶の上に並べられている。機首の先端にある小さな穴はガンカメラの窓で、ここだと発射による振動で鮮明な画像が得られないため、P-38Lでは左翼下面のパイロンにガンカメラが組み込まれた。パイロンに付いているのは165gal増槽で、必要に応じてもっと大型な300gal増槽を装着することができた。モクマーは日本軍が使用していた飛行場で、1944年５月に米軍が占領し、第475戦闘航空群の第433戦闘飛行隊が配された。

➡ 1945年６月、沖縄で抵抗を続ける日本軍の攻撃に向かう米海兵隊のF4Uコルセアと、それに随伴する第28写真偵察飛行隊のF-5E-3。この角度では見えないが、F-5E-3は翼下にカメラマンを収容したポッドを搭載している。P-38部隊では負傷者の緊急輸送用に増槽を改造したポッドを使用していたが、その先端がガラス張りになっていたので、これを使えば攻撃の模様をユニークなアングルから撮影できると、海兵隊がF-5E-3の随伴を依頼したのだ。そのアイデアを出し、ポッドに乗り込んだのは海兵隊の戦闘写真報道員デイヴィッド・ダグラス・ダンカン中尉。戦後は『ライフ』誌のカメラマンとなり、朝鮮戦争やベトナム戦争を取材した写真により世界中で知られるようになったダンカンの若き日の話である。

⬇ 終戦から間もない1945年８月の末、沖縄付近の空を飛ぶ第49戦闘航空群のP-38L。手前の機体は大戦中に５機の撃墜を記録したジョージ・ラヴェン少佐の乗機。第49戦闘航空群はP-40を装備して1942年３月から戦闘に参加し、1943年１月にそのうちの１個飛行隊がP-38を受領（11月にP-47に機種改変したが、翌年４月に再びP-38に）、1944年９月には他の２個飛行隊もP-38を装備した。このように３種の戦闘機を使用したわけだが、同群の撃墜数は678機にも達し、太平洋戦域における最高の記録となっている。

*Photo : U. S. ARMY*

➡ CBI（中国・ビルマ・インド）戦線はヨーロッパや太平洋方面に比べて緊急度が低いとされ、中国に最初の飛行隊が配されたのは1943年夏のことで、大戦中にCBIで活動したP-38部隊は４個飛行隊だけだった。写真は２番目の飛行隊として1943年９月にインドで編成された第459戦闘飛行隊のP-38Hで、ハリー・シーリー中尉の乗機。機首に書かれた「Haleakala」（ハレアカラ）という文字は、ハワイ語で「太陽の家」という意味。第80戦闘航空群に所属した同飛行隊はビルマに所在した飛行第64戦隊などと戦闘を交え、対地攻撃にもあたった。

Photo : USMC

Photo : USAF

Photo : USAF

⬆ 1945年1月、インドのチッタゴン飛行場で出撃のために列を作ってタキシングする第459戦闘飛行隊のP-38J。みな右翼の下だけにしか増槽を付けていないところを見ると、目標はさほど遠くないのだろう。片方だけに増槽を付けると空気抵抗が不均衡になるが、機体中心線に近い位置への搭載なので、P-38は容易にトリムをとることができた。爆撃任務に当たるとき、片側だけに爆弾を積んだり、片方に爆弾、片方に増槽を付けたりもした。

⬅ 胴体側面にロケット弾が取り付けられる第459戦闘飛行隊のP-38J。“Twin Dragons”と称した同飛行隊はカウリングから尾翼にかけて大きく口を開いた緑色の竜のデザインを施した。機首側面の扉を開いており弾倉の配置がよく分かる。コクピット寄り一番奥に見えるのが20㎜機関砲の弾倉で、その前方に12.7㎜機関銃の4つの弾倉が収められ、機関銃は装着位置が前後にずらされている。主翼に下に転がっているのは300gal増槽。

⬅ 第459戦闘飛行隊のP-38Jへの給油作業。パイロンに装着されているのは300gal増槽で、小型な165gal増槽を付ける場合とは異なり、V字形になる2本の支柱により横揺れを防止するようになっている。300galというと、外翼前縁部に燃料タンクを増設する前の機内燃料搭載量にほぼ匹敵するのだから、これがP-38の行動半径拡大に大きく貢献したことがうなずける。

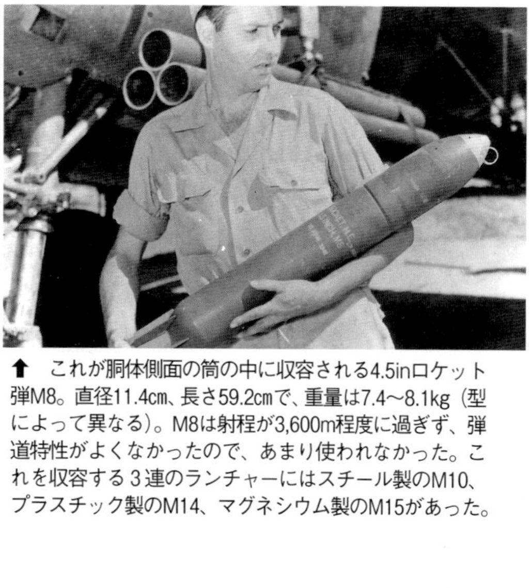

⬆ これが胴体側面の筒の中に収容される4.5inロケット弾M8。直径11.4㎝、長さ59.2㎝で、重量は7.4～8.1kg（型によって異なる）。M8は射程が3,600m程度に過ぎず、弾道特性がよくなかったので、あまり使われなかった。これを収容する3連のランチャーにはスチール製のM10、プラスチック製のM14、マグネシウム製のM15があった。

⬆ 後期生産型のP-38Lでは外翼下面に5in. HVAR（高速航空機用ロケット弾）を搭載できるようになった。ゼロ・レングス・ランチャー（直進させるための筒やレールなしに発射するのでそう呼ばれた）を外翼下面に7個も並べ、計14発のロケット弾を携行する形態もテストされたが、主翼にかかる荷重が大きく、構造をかなり手直ししなければならないため、クリスマスツリー型と呼ばれたこのような2つのランチャーに計10発のHVARを搭載することにされた。

*Photo : IMPERIAL WAR MUSUEM*

⬇ イギリスからドイツに対する戦略爆撃を担当した第8航空軍には1942年の夏に3個戦闘航空群のP-38が配備された。写真はそのうちの第14戦闘航空群のP-38Fで、到着して間のない時期に撮影されたものらしい。しかし、操縦や射撃に慣熟し、アメリカとはまったく違うヨーロッパの気象状態などに慣れる訓練を行なっているときに、P-38部隊は連合軍が上陸作戦を行なうことになった北アフリカ戦線に移動を命じられ、まだ実戦には一度も参加しないまま、イギリスを去ることになった。第8航空軍が改めてP-38を受領するのは1943年秋のことである。

Photo : USAF

⬇ 1943年12月から第８航空軍に新型P-38Jの引き渡しが開始され、写真は1944年５月にフランスでの地上掃射任務に向かう第55戦闘航空群第38戦闘飛行隊のP-38J。機体に加えられた改良と戦闘経験により、次第にパイロットはドイツ戦闘機に充分に対抗できるという自信を持つようになったが、第８航空軍では使用する戦闘機をP-51に統一することにし、P-38は第９航空軍や第15航空軍に回された。第８航空軍での働きだけ見れば、P-38はとうてい傑作機とは呼べないが、場所が違い、使い手が違えば、駄作とされた機体が目覚ましい活躍をすることもある。その極端な例はフィンランド空軍におけるバッファローの働きだが、P-38も太平洋戦域では非常に高く評価された。

Photo : USAF

⬆ 第８航空軍で最初に実戦に参加したのは第55戦闘航空群（1943年10月15日）で、写真はその年の12月12日に爆撃機の援護に出撃しようとする同隊のP-38H。それまで配備されていた戦闘機より航続距離がずっと大きく、活躍が期待されたのだが、エンジンに関連する故障が続発し、そして空戦ではドイツのFw 190やBf 109にかなりやられ、またコクピットの暖房がほとんど効かず、非常に寒いことも不満の原因となった。歴戦のベテランが中核を成していたドイツ戦闘機隊に経験の乏しいP-38部隊がぶつかれば、分が悪いのは当然ともいえるが、P-38そのものに問題があったことも確かである。

Photo : USAF

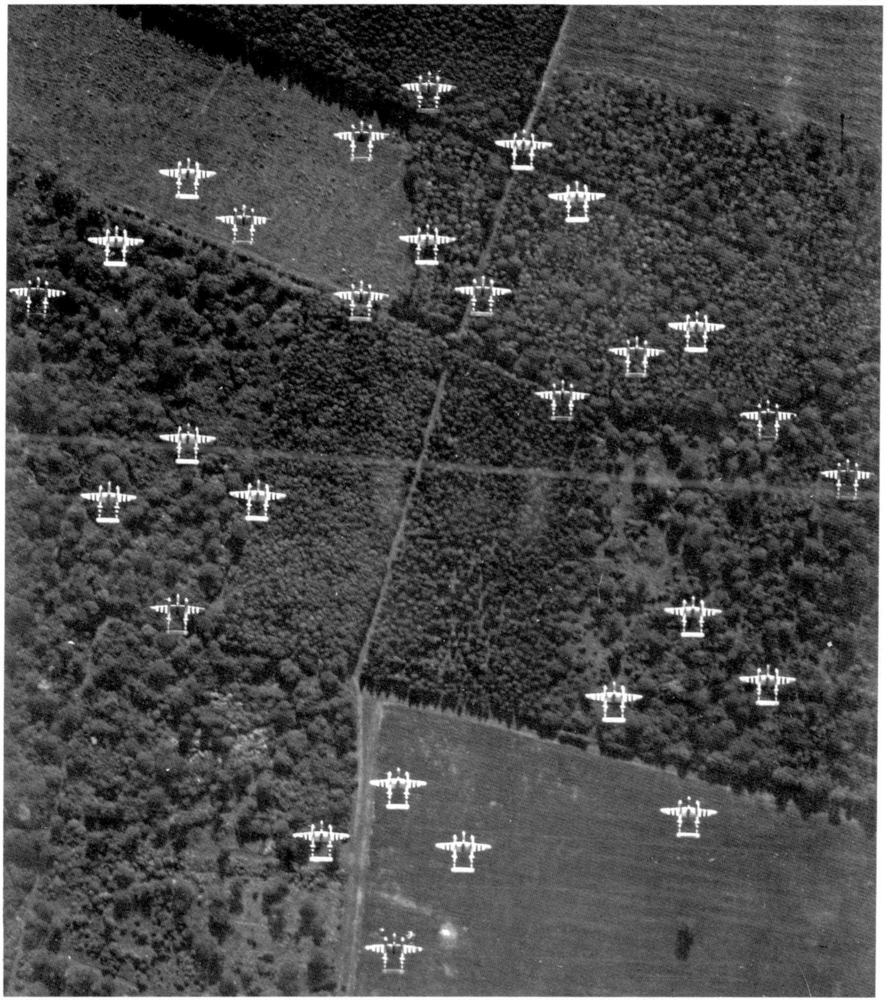

⬆ 1944年６月、ついに始まった大陸への反攻、ノルマンディー上陸作戦を支援するため、イギリス上空で編隊を組み、フランスの目標に向かう第20戦闘航空群のP-38J。主翼とブームにインベイジョン・ストライプが入れられている。第８航空軍に所属する戦闘機部隊というと爆撃機部隊の援護というイメージが強いが、これは水平爆撃ミッションに向かうところで、先導するドループスヌート機の合図により編隊が一斉に爆弾を投下する。こうしたP-38による編隊爆撃は1944年４月から開始され、戦術航空部隊である第９航空軍や地中海方面の第15航空軍などでも行なわれるようになった。

⬇ ノルマンディー上陸作戦における激戦地オマハビーチの近くに急造された滑走路に、土煙を上げながら最初に着陸したP-38で、1944年６月10日の撮影。脇に小型観測機パイパーL-4が停まっている。P-38は前輪式降着装置を採用し、また左右のエンジンを逆に回転させたのでトルクがなく、離着陸が容易だった。尾輪式の通常の戦闘機だと、横風が強いときにはパワーの増減にともない変化するトルクの影響でグラウンドループを起こすことがあったが、その心配がないP-38はP-47が飛べないときに出撃したこともある。

Photo : U S, ARMY

Photo : U. S. ARMY

⬅ 北アフリカに上陸する“トーチ作戦”を支援するため、1942年の秋にイギリスの第８航空軍から転出した第14戦闘航空群（このときの編成は２個飛行隊）のP-38F。同部隊は11月11日にこの戦域における最初の出撃を行なったが、翌年１月28日には戦力を消耗して後方に退いた。地上攻撃にもかなり使われ、その際の損害もあるが、当初54人いたパイロットのうち32人を失ったというのだから、厳しい戦いだったことが分かる。一方、その間に撃墜したドイツおよびイタリア機は62機とされているので、かなりがんばったといえる。

⬇ 北アフリカで勝利を収めた後、連合軍はシシリー島を攻略し、さらにイタリア本土へと駒を進めた。写真はシシリーの枢軸軍を攻撃した後、北アフリカの飛行場に帰投した第１戦闘航空群第94戦闘飛行隊のP-38G。増槽をまだ付けているのは、その数が不足し、敵の戦闘機と遭遇して空戦に入る場合以外は、持って帰ることになっていたからだろう。

Photo : USAF

⬇ 地中海方面で活動した米陸軍航空部隊は第12航空軍だったが、1943年11月にイタリアに第15航空軍も設立され、翌年２月からイギリスの第８航空軍と連携してドイツ本国に対する戦略爆撃を実施するようになった。写真はその第15航空軍に配属された第82戦闘航空群第97戦闘飛行隊のP-38L。第８航空軍が早期にP-38を見捨てたのに対し、第15航空軍では終戦まで爆撃機の援護や対地攻撃に使い続けた。

Photo : B-COLLECTION

Photo : USAF

⬆ ライトニングで忘れてならないのは偵察機としての働きだ。機首のスペースを生かして何台ものカメラを収容し、高速性能と航続力を兼ね備えた写真偵察機として活躍した。写真は1942年12月にアルジェリアに進出した第3写真偵察航空群のF-4。余談になるが、この部隊を指揮したのは大統領の子息エリオット・ルーズベルト大佐で、本国に帰国してからハワード・ヒューズが計画したXF-11偵察機の開発を支持したが、ヒューズの接待で出会った映画女優と結婚したため、後に疑惑の対象となった。

⬇ 戦後の1946年3月に撮影されたものだが、太平洋で活躍したビッグスリーが翼を連ねた珍しい写真。P-38をP-51やF4Uに劣らない傑作機というには少し抵抗があるが、いろいろな問題を抱え、それらを改善したP-38J/Lの配備が大戦の後半になったとはいえ、苦しい時期を戦い抜き、とくに太平洋戦域で大きな働きをしたことから、やはり傑作機の仲間に加えるべきだろう。

Photo : USMC

# アリソン 第二次大戦唯一の純米国産量産液冷発動機

解説：田村俊夫

P-38ライトニングが初飛行から最終型まで一貫して搭載したエンジンは、アリソンV-1710だった。これは何も最初に搭載したエンジンがアリソンだったから、浮気をしなかったわけでない。当時の米国には、純国産で戦闘機用液冷エンジンを量産しているメーカーはアリソン社しかなく、しかも、アリソン社が売りものにできるエンジンはV-1710ひとつしかなかった。これが空冷エンジンなら、ライトとプラット&ホイットニーの2社があるが、こと液冷エンジンとなると、当時の同国の戦闘機用液冷エンジンメーカーはただ1社に等しかった。なぜそうなったかは、この国の飛行機用エンジンの歩みを振り返らなければならない。

## 航空エンジンのパイオニア、ラングレイ

米国に限らず世界の航空パイオニアたちが入手に悩んだのがエンジンだ。飛行機は自作できても、エンジンは自作というのは難しい。だが、軽くて、それなりの馬力が出る航空機用エンジンというのは、そうあるものではない。したがって、米国の航空黎明期の3人のパイオニアたちがそれぞれ独自の方法でエンジンまで自作してしまったが、それが可能なのは自動車産業という環境が整っていたことが大きい。

米国で動力付き飛行機によって最初に飛行に挑戦したスミソニアン協会のラングレイ教授は、自動車用空冷ロータリーエンジンで知られるステファン・バルザーに飛行機用エンジンの製作を依頼した。要求仕様は、出力12hp、重量120ℓb（54kg）以下（アクセリーを含む）だったが、バルザーの製作したエンジンは要求馬力に達することができなかった。
このため、試作エンジンはバルザーの工場からスミソニアン協会に運ばれ、ラングレイ教授の助手のチャールズ M. マンリーが改良を施した。マンリーは、コーネル大学の若きエンジニアたちからラングレイの飛行機実験の助手に選ばれ、機械工学の学位を持っていた。

マンリーは、5気筒星型の様式は同じでも、空冷ロータリーから静止水冷式として、重量は増加しても冷却能力を上げて馬力アップさせるなどの改良を施し、出力52.4hp、冷却水20ℓb（9kg）とアクセサリーを含んで重量207.5ℓb（94kg）、連続運転可能時間10時間となって1903年に完成させた。

ラングレイの飛行機に要求される馬力が28hpにアップしても容易に応えられる能力をもち、3.96ℓb（1.8kg）/hp（注1）という点では優れたエンジンで、25年後にP&Wワスプを完成させて鼻高々となったP&W社の技術担当副社長ジョージ J. ミードは、「自分たちの業績を先取りされた」と慨嘆した。

不幸にして、飛行機の方は1903年12月の初飛行に失敗、機体は大破したが、エンジンは生き残った。後年2人の名をとってバルザー–マンリー・エンジンと呼ばれるようになったが、この失敗はエンジンのせいではないことが、後年、カーチスが機体に改造を施して飛行に成功したことで立証された。

## 航空エンジンのパイオニア、ライト兄弟

航空史上、人間が乗る初の動力飛行に成功したライト兄弟もエンジンを自作した。自転車店を営んで生計を立てていた兄弟は、飛行に必要なエンジンが既存のメーカーから得られないと判明すると、機械工で助手のチャールズ E. テイラーとともにエンジンを設計・製作して、1903年12月に初飛行に成功した。

彼らには、自転車工場で工作機械を駆動させるための床置き単気筒の3hpほどのエンジンを1901年秋に製作した実績があった。初飛行のエンジンは、手っ取り早く、安く飛行用のエンジンを製作することだったので、4気筒水冷

ライト6気筒水冷エンジン。ライト・モデルCとDに使用。60hp。

であったが、気化器もなく、スパークプラグもなく荒っぽかったものの目的には充分で、出力8.25〜16hp、重量140〜180ℓb（63.5〜82kg）だった。飛行に成功した兄弟は、資金を集め、1909年に飛行機を製作・販売するライト会社（Wright Company）を設立したが、1912年に兄のウィルバーが死亡すると、弟のオーヴィルは1915年10月に会社をシンジケートに売却してしまった。

この1903年から1915年の間にライト兄弟の工場で製作したエンジンの数は100基に満たないとみられ、量産型のエンジンは縦型４気筒と６気筒で、いずれも水冷だった。なお、飛行機は特許を取得して法廷闘争まで行なったが、エンジンの特許を取得した形跡はないようで、兄弟はエンジンを単なる付属品とみなしたようだった（注２）。

ライト会社を買収したシンジケートは、旧態化したライト機の製作よりエンジンの製造に目を向け、まず、シンプレックス自動車会社の株を購入、自動車とエンジン製作工場を入手、次いで、ヨーロッパの優れた航空機用エンジンを物色し、イスパノスイザ（水冷）の米国におけるライセンス生産権を取得、1916年１月にフランス政府から150hpのエンジン450基の発注を得た。

さらに1916年８月、これも米航空界のパイオニア、グレン L. マーチンの会社と合併、ライト-マーチン飛行機会社（Wright-Martin Aircraft Corporation）となり、飛行機とエンジンを手掛けることになった。ただし、陸軍からの飛行機製作の契約は得られず、失望したマーチンは会社を去り、新たに自分の会社を創設する。

## 航空エンジンのパイオニア、グレン・カーチス

ライト兄弟のライバルとなったグレン・カーチスは、オートバイとそのエンジンを製作しており、飛行船/飛行機用のエンジン製作を依頼されて航空界入りした経歴をもつ。ライト兄弟と彼らがもつ特許権を巡って争ったが、いくつかの会社を設立した後の1910年12月に、飛行機製作用のカーチス飛行機会社（Curtiss Aeroplane Company）と、従来のオートバイビジネスと飛行機用エンジン製造販売の（Curtiss Motor Company）を分離設立した（注３）。

カーチスはライト兄弟よりビジネスに優れた手腕を発揮、たとえば、プッシャー式の飛行機からトラクター式の飛行機への転身がうまくいかないと、ヨーロッパでのトラクター式機の設計経験のある設計者を探し、英国からアブロ社で設計経験のある B. ダグラス・トーマスをスカウト、有名なジェニーの原型となる機体を設計させ、1914年２月に陸軍がすべてのプッシャー機を着陸事故時にパイロットの背後にあるエンジンがパイロットに危害をおよぼすので廃止するとの決定に対応できた。これに対して、兄亡き後のライト兄弟は、弟だけでは改良が不充分で、製品は時代に取り残される一方だった。カーチスが製作した飛行機とエンジンはよく売れて、一世を風靡した。カーチスのエンジンは、初期は空冷だったが、やがて水冷に落ち着き、1910年に有名なV-8のOX-5（90hp）を送り出し、大正期の日本にも輸入されて、民間航空界で活用された。

上記のほかにも航空機用エンジンを製作するメーカーが米国にいくつかあり、当時の日本でも知られたのが、サンフランシスコのホール-スコット（Hall-Scott）自動車会社で、飛行機用の水冷直列６気筒やV-8のエンジンが有名であった。

## 第一次世界大戦期の発動機

第一次世界大戦は1914年に始まったが、米国の宣戦布告は1917年４月６日だった。だが、航空機産業の戦争への備えはほとんどできていなかった。1917年４月１日までの飛行機の総生産数は666機、1914年７月に設立された陸軍信号隊航空部以来陸軍に納入された飛行機の数は224機で、ヨーロッパの戦場に送り出せる軍用機もパイロットもいなかった。航空機用エンジンを製作するのに成功した会社はわずか４社（注４）で、航空機メーカーを含めて国家による育成を欠いていたので、生産能力が小さかった。

Photo : Toshio TAMURA

米信号隊気球第１号に使用されたカーチス４気筒水冷25hpエンジン。

しかし、陸海軍合同技術委員会は、22,625機購入という壮大な計画（航空機用エンジン45,250基を含む）を立て、1917年６月１日に陸海軍の長官が承認、７月24日に議会も無条件で承認した。

米国は自動車の大量生産の経験から生産には自信をもっていたので大計画を立てたが、問題は何を生産するかだった。開戦以来、戦局の要請にしたがって、軍用機とそのエンジンは次々に改良され、戦場を遠く離れた米国は、設計技術も生産能力も遅れていた。たとえば、どんな仕様で開発するのかも、実戦の経験がなければ分からない。

てっとり早いのは、最新のエンジンをライセンス生産すればいいのだが、ライト-マーチン社は、イスパノスイザ・エンジンのライセンス生産で、ミリ・システムの図面をインチ・システムの図面に書き直すなど約２年間の苦

Photo : USAF

リバティで最初に作られた8気筒のL-8。振動が激しく量産されず、12気筒型が量産された。

Photo : CURTISS

第一次大戦前から練習機用として使用されたカーチスOX-5。水冷V型８気筒90hp。日本でも使用。

闘でやっと限られた生産能力を獲得したという経験（注４）からみると、急場には間に合わない。もうひとつの問題は、大西洋を離れた戦場における部品補給を効率よくするにはどうするかだった。答えは、互換部品を使用した各種のエンジンを、新たに設計・大量生産して戦場に送ればよかった。

この構想を誰が立てたか異論があるが、パッカード自動車会社の副社長ジェシー G. ヴィンセントとホール-スコット自動車会社のエルバート・ジョン・ホールの２人がワシントンに５月29日に召集され、ただちに、最新の状況をフランス軍事派遣団に問いただすとともに、構想図と案をまとめ、31日の午後に陸海軍合同航空機生産委員会の面々に説明、作業完成の承認を得た。

ヴィンセントとホールの２人に３人を加えた５人は６月６日の午後に８気筒型の構想図を完成、その日の深夜に先述の航空機生産委員会の面々に説明、８気筒型と12気筒型の各５基の製作を承認され、とくに８気筒型を早急に製作することを求められた。ただちに、パッカード自動車会社では、部品図の製図と部品製作に入り、７月３日に最初のサンプル１基が標準局に届けられた。

エンジンにはリバティの愛称が付けられ、わずか７日で２人の技術者がワシントンのホテルに缶詰になって設計したという伝説が生まれた。ただし、２人がゼロから設計したわけではない。彼らにはそれまでのエンジン製作の経験、ヴィンセントにはパッカードで12気筒の数基の航空機用エンジンの試作、ホールも12気筒450馬力のエンジンの試作を終えた経験があったので、スムーズに要求を満たせたわけである。

リバティ・エンジンは、４、６、８、12気筒のシリーズで設計製作されることになり、自動車会社５社を動員、大量生産に移された。

第一次世界大戦期での米国のエンジンは、製作数の多い順に挙ると、リバティ、カーチスOX-5、ライト-マーチン社のイスパノスイザ、ホール-スコットA-7、ルローンが主なもので、水冷式が主体だった。各エンジンの製作数は別表に見るとおりだが、リバティが自動車会社５社の総製作数各型合わせて20,547基（注４）、イスパノスイザは1917年４月から1919年11月までの戦時契約終了までに5,816基が引き渡された（注３）。なお、リバティは12気筒型が量産の主体となり、1918年11月の休戦日までに製作された数は13,574基とも言われている（注４）。

## 液冷から空冷に

第一次世界大戦が終わり、それとともにリバティ・エンジンの量産を行なった車メーカーはパッカードを残して退場、残る航空機用エンジン・メーカーはカーチス、ライト-マーチン、パッカードの３社のみとなった。だが、アメリカの航空機用エンジンの主役は液冷だった。

このうち、ライト-マーチン飛行機会社は、戦後、離散する。だが、1919年10月に残る資産を活用して新会社ライト航空会社（Wright Aeronautical Corporation）が設立され、ライト-マーチン社で陸軍の検査官をしていたフレデリック B. レンチェラーが副社長にスカウトされ、やがて、1921年に社長になり、会社はイスパノスイザのエンジンを軸にと堅実な道を歩む。

だが、ヨーロッパと同じく、新しい空冷式エンジンの興隆が米国でも起こる。第一次大戦前からの空冷エンジンはロータリー式空冷星型が主体で、この方式はクランクシャフト固定で、クランクケースがプロペラと回転するが、馬力数がアップすると構造上無理が出てきて、同じ空冷星型でも回転式でなく、固定式のエンジンが大戦末期から登場してきた。この空冷星型エンジンの米国における推進者は海軍だった。

海軍が液冷式に見切りをつけようと決心したのは、液冷式のもつ弱点からで、海軍は液冷エンジンのトラブルに泣いていた。当時のエンジンは信頼性が薄く、「航空機は艦隊にはほとんど利用価値がない。航空機がしばしば故障を起こして海上に不時着して、存在価値以上のトラブルを艦隊にもたらすからだ」と言われた。したがって、海軍航空発展のために改善すべきはエンジンの信頼性向上で、それには、構造が簡単で、整備も手がかからない空冷式の方がいいということになった。液冷式は、ラジエーターとその配管が重量増加となるとともに、冷却水漏れが起きればエンジン停止につながるので、その箇所の整備に余計に手がかかると

Photo : USAF

液冷12気筒800hpで1926年に登場、マーチンT3M-2など海軍機に搭載されたパッカード3A-2500。

いう弱点があったが、空冷式は空気抵抗が液冷式より大きいという弱点があり、どちらを採るかは、弱点を克服する技術上の解決策によって決定された。

1921年、海軍に航空局が創設されると、強力に空冷式エンジンの育成に力を入れる方針が局長から承認された。すでに海軍は、チャールズ L. ローレンスが開発する空冷固定星型エンジンの援助を第一次世界大戦期から行なっており、彼のエンジンは65hpから200hpと開発が進み、200hpとなったとき、50時間の耐久試験合格の条件で50基が注文され、ネイビーカーチスTS-1戦闘機に搭載された。この実用試験では、同馬力の液冷エンジン、ライトE-2やエアロマリンU-8Dに優る信頼性を発揮した。海軍は、ローレンスのエンジンを、よりよい経営状況と資産もある会社に移して発展を願ったが、当時の2大エンジンメーカーのカーチス、ライトともに既存の液冷エンジンが好調だったために、新たに空冷エンジンへの関わり合いに興味を示さなかった。

弱った海軍は、ライト社に200hpの液冷エンジンの新規購入とその補給部品の購入を中止すると通告して空冷エンジンへの参入を強要した。これに加えて、陸軍もライト社の200hpエンジンの購入を止め、300hpの液冷エンジンもカーチス社のD-12が市場を占めるのが見込まれた。追いつめられたライト社はローレンス航空エンジン社を1923年5月15日に買収した。そしてただちにローレンスのエンジンの改良にかかり、J-4ホワールウインドと命名されたそのエンジンは成功した（注5）。

翌1924年9月、社長のレンチェラーは、経営陣が空冷エンジンの開発への投資に不熱心なのを不服として退社、プラット&ホイットニー工具会社の後援を受けて、1925年7月にプラット&ホイットニー飛行機会社（P&W Aircraft Company）を設立、空冷エンジンの開発を開始した。レンチェラーは海軍が空冷エンジンの供給先をライトだけでなく、もう1社望んでいるのを知っていての行動だった（注5）。最初のエンジンはワスプで成功した。

これで空冷エンジン・メーカーが2社になり、液冷はカーチスとパッカードとなったが、1927年に海軍が今後は液冷エンジンを購入しないと公表、カーチスとライトにキーストン飛行機会社を加えた3社は1929年に合併し、カーチス-ライト社（Curtiss-Wright Corporation）となった。

空冷エンジンの順調な発展で、飛行機エンジンは軍民ともに液冷から空冷に移っていったが、液冷エンジン・メーカーに衝撃だったのは、陸軍が冷却液に沸騰点の高いエチレングリコール（商品名プレストン）を使用して、300°F（149°C）で使用することを要求したことだった。実験結果では、これで冷却用ラジエーターの大きさが2/3になることが判明したのだった。だが、既存のエンジンでは高温冷却は液漏れなどのトラブルが発生し、メーカー側は使用温度を下げるよう要請したが、聞き入れられなかった。新たなエンジンの開発は用途が軍用だけでは、1929年10月の株式大暴落で起こった不景気な時代に引き合わず、パッカードは1934年半ばに、少なくとも不景気が続く間は航空機用エンジンから手を引くと発表、陸軍も1934年にカーチスに今後は液冷コンカラー・エンジンの購入は見込めないと通告した。液冷エンジンの唯一のサポートを失ったカーチスは液冷エンジンから撤退した（注6）。

**第一次世界大戦期の**
**米飛行機用エンジン製作数**

| | |
|---|---|
| リバティ | 15,572 |
| カーチスOX | 8,458 |
| イスパノスイザ | 4,100 |
| ホール-スコット | 2,250 |
| ル・ローン | 1,298 |
| ローレンス | 451 |
| ノーム | 280 |
| ブガッティ | 11 |
| 1918年11月29日までの合計：32,420 | |

出典："America's Munitions 1917-1918 Report of Benedict Crowell" GPO, 1919

## アリソン社の進出

これで軍用液冷エンジンはアメリカから消えたかに見えるが、試作のかたちでは液冷エンジンは残っていた。陸軍は限られた予算で、量産エンジンは空冷エンジンに切り替える一方、高馬力の液冷エンジンの試作に資金を廻しており、そのなかからアリソン社の製品が浮かび上がり、メーカーとして成功する。

アリソン社の起源は1915年にジェームズ・アリソンによって創立された、インディアナポリスでの自動車レース用レーシングカーの製作と修理を目指す会社に遡る。会社は米国の第一次大戦参入で、航空機用エンジンの分野に進出、リバティ発動機の部品や治具を生産する。戦後はエンジンの改造、平軸受けとプロペラ減速歯車の技術や、他社設計のエンジンの製作などで生き延びていた。

このなかで一番の稼ぎ頭は平軸受けで、形状は短い薄肉円筒のブッシュで

Photo : USAF

1920年代から1930年代にかけての有名エンジン、カーチスV-1570コンカラー。液冷12気筒675hp。

Photo : ALLISON

アリソン社が製作した航空機用液冷レシプロ・エンジンの一覧。上からV-1710の双子型V-3420、V-1710-F（P-51などが使用）、V-1710C、V-1710E、V-1710D。最下段左はベルXFM-1のD-2。同右はベルP-39のE型。

あるが、コネクティングロッドにはめ込まれ、シリンダー、ピストンの直線運動をクランクシャフトの回転運動に変換する際の軸受けとなる。リバティの弱点はコネクティングロッドの軸受けで、青銅のベアリングが使用されていたが耐久性がなく、当初は約75時間と不足だった。アリソンの技術者たちは、鋼鉄の内側に薄いブロンズの裏張りをした平軸受けを考案した。この新軸受けを付けたリバティは寿命が600〜800時間に延長され、アリソン社は陸軍の既存のリバティ・エンジンを約3,600基改造する仕事を受注した（注７）ばかりか、エンジン製作メーカーなどに販売、英国のロールスロイスも特許を購入したほど稼いだ。さらに、このベアリング改良を続け、1942年には銀メッキとなり、1941〜1945年に412tの銀を消費したという（注８）。

1928年にオーナーで創立者のアリソンが死去、紆余曲折があった後に、航空界との提携強化を狙っての投資の一部として、同社は自動車業界の巨人、ジェネラルモーターズ（GM）により1929年に買収された。

新体制での戦略は、1928年から技師長のノーマン・ギルマンが開発を開始していた高温冷却を使用したエンジンの完成で、カーチスなどの抜けた液冷エンジン市場の後釜狙いだった。

新エンジン計画のうちのひとつは、倒立Ｖ型12気筒1,000hpのものだったが、陸軍の発注は得られず、海軍が飛行船用エンジンの開発を念頭に置いて保証馬力650hpの仕様で１基（GV-1710-A）を1930年に発注した。1931年８月に試運転が行なわれ、その結果750hpに仕様変更されて、1932年の秋に50時間の試験に合格した。この結果、海軍が飛行船用エンジンを３基（モデルB/過給機なし）発注したが、海軍が飛行船計画の中止で手を引くと、替わって陸軍が計画を引き継ぐかたちになった。

陸軍は1932年末に750hp型１基（XV-1710-1）を発注、これは1934年初頭に800hpで50時間の試験に合格し、同年６月に陸軍から10基という初のまとまった注文を獲得できた。しかし、1,000hpで150時間試験合格という目標は難しく、1935年にようやく50時間試験合格に漕ぎ着けたものの、その後が難航した。このためと、ギルマンの引退にあわせて、ロン・ヘイゼンが新技師長に任命された。ヘイゼンはライト、フェアチャイルド・エンジン両社での経験豊富な技術者で、彼はアリソンV-1710の難点を見抜き、迅速な対策を施す。1936年12月に最初の飛行試験がコンソリデーテッドA-11を改造して行なわれ、翌1937年４月23日にやっと1,000hpで150時間の試験に合格した。構想を立ててから８年のことだった。

## アリソンV-1710

有望な液冷エンジンが誕生したとなると、ベルXFM、XP-39、ロッキードXP-38、カーチスXP-37、XP-40の各戦闘機の搭載計画が続出、これらに搭載するエンジンはそれぞれの固有の仕様を要求していたので、少ないスタッフは大忙しとなった。その結果は、1939年４月のP-40の正式採用で待望の量産受注に結び付き、長年の苦労が実った格好になった。親会社のGMは、国防長官の要請もあって、正式受注前に量産用の工場を新設する賭けに出ていたが、軍備拡張に走る米国のみならず西欧諸国からの注文殺到で、賭けは当たった。

アリソンV-1710は1948年８月13日までに70,033基製作されたが、55のモデルが製作され、うち、29のモデルが量産された（注８）。軍の制式型式ではV-1710-1から-149まで、メーカーのモデルではAからGまであり、それぞれ想定される作戦高度に合わせた馬力設定や付属品が変更された。出力は当初の離昇1,000hpから、離昇1,600hp/緊急出力2,300hpとなった（注８）。

これらの相違をここで記述するにはいささかスペースを要するので、興味ある読者はダニエル・ホイットニーのすばらしい１冊（注８）をご参照願いたい。

エンジンの型式をメーカーモデルで大雑把に説明すると、最初に150時間試験に合格したのはモデルC、次のモデルDは推進式ベルFM用、モデルE/Fは従来の経験を織り込んだ改良型で、第二

モデルV-1710E-30エンジン。2段過給機付きで、ダグラスXB-42Aなどに搭載。離昇馬力1,500hp。

次大戦中にアリソンが量産したのはこの両型である。

両者のうち、モデルEはプロペラ駆動に延長軸を使用するベルP-39、XFL-1、P-63とダグラスXB-42用。モデルFは通常形態機用で、ロッキードP-38、カーチスP-40、XP-55、P-60、ノースアメリカンP-51A、A-36に搭載された。E/Fの双方ともに2段式過給機付きの型がある。最初のモデルCとの外観上の相違は、モデルCが機首を流線型に整形するためプロペラ軸を延長させて突出させていたエンジンの先端が、モデルE/Fでは減速歯車を内歯歯車から、平歯車に変更して延長を止めて、突出をなくした点で見分けがつく。突出廃止にともない、軸心を高くして、機首整形の便を図っている。最後のモデルGはそれまでの改良点を折り込んだ戦後の型で、ノースアメリカンP-82ツインムスタング用だった。

エンジンの基本は当初から同じで、シリンダー直径13.97cm（5.5inch）、ストローク15.2cm（6.0inch）、排気量1710cu.in（28ℓ）、60°V型、オーバーヘッドカムシャフト方式、4バルブ式、バルブ挟み角45°、吸気バルブは中空・低タングステン鋼材、排気バルブは中空冷却用ナトリウム封入・クロムニッケル・タングステン鋼材で、冷却液には最初からエチレングリコールで設計していた。ただし、使用温度は300°F（149℃）でなく、現実的に最高125℃に下げられており、冷却液の構成は当初はグリコール97%だったが、1942年にはエチレングリコール30%、水70%に変更された。構造の特徴は、量産に対応した設計と、スムーズな運転を目指した改良が続けられたことだ。

## 高空性能アップへ

第二次大戦でのアリソン・エンジンが話題になるとき、きまって持ち出されるのが、高空性能の欠如である。

高空に昇るにつれて薄くなる空気を何らかの手段で圧縮してエンジンに供給してやればよいのだが、その対策が不充分だった。エンジンに組み込まれている過給機(スーパーチャージャー)だけでは、高空での運用に限界がある。この限界を超えるには、2回圧縮して空気密度を上げればよく、選択できる方法としては、エンジンの排気を利用してターボ・スーパーチャージャーを廻して空気を圧縮する方法と、エンジンで駆動される過給機をさらにもう1つ追加して圧縮を重ねる方法が実用化された。

英国のロールスロイスのマーリンは機械式駆動の過給機を2つ使って解決した。一方、米陸軍航空軍では第一次大戦参入の1917年よりターボ・スーパーチャージャーに注目して、ジェネラル・エレクトリック（GE）に開発を続けさせており、エンジンに組み込んだ過給機と組み合わせて、高空での運用を行なう方針だった。したがって、アリソンのV-1710もこの方針にしたがって設計されたので、エンジン単体には過給機は1つしかない。

しかし、ベルXP-39などからターボ・スーパーチャージャーを外してしまったら、改めて機械式駆動の2段式過給機の必要性が痛感された。このため、1938年から開発を始めたが、実際にエンジンの試験が始まったのは1942年初めだった。2段目の過給機の装着はアリソン流で、最初からエンジンに付いている過給機はそのままに、もう1つの過給機を別に追加する構成を採った。これは、エンジン下部より延長軸を出して、そこに過給機を取り付ける形態で、スターターより駆動を採った。

この方式は、付属品の一部として後付けのかたちになる利点があり、生産の切り替えが楽になるが、難点もある。ロールスロイスが過給機を1基追加するにあたって、新たに過給機2つを搭載した型を設計して、それまでの型に対してエンジンの全長がわずか23cmしか延長されなかったのに対して、アリソン流は全長が約2ft（60cm）長くなり、重くなった。コンパクトでかつできるだけ軽さを求められる飛行機用エンジンの原則に反するが、アリソンの誰が

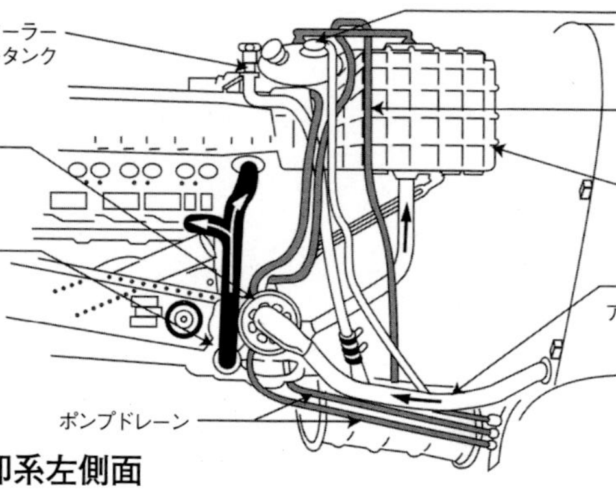


**エンジン冷却系左側面**

大きなアフタークーラーを搭載したモデルF-32はXP-51Jに搭載された。図は冷却系の左側面図。

この設計を決定したか不明だ。加えて、飛行機のほうから見ると、アリソン流では既存の機体への積み替えが難しくなるケースが出てくる。ベルP-39の場合はエンジンが機体中央にあるので、アリソンの２段過給機付き型に積み替えたP-63では全長が伸びたほかに重心位置が変わって、主翼取り付け位置を後退させる必要が出た。これに対して、マーリンは１段式過給機付きスピット5Bに２段式マーリン61を付けたスピット９の場合には、これほどの設計変更は行なっていない。

ところで、ターボ・スーパーチャージャー付きのP-38とロールスロイスの機械駆動の２段式マーリンを付けたP-51との比較では、マーリンの方が燃料消費率が30%高くて、長距離飛行に適さないという指摘がある（注９）。一方、ロールスロイスがターボ・スーパーチャージャーを採用せずに、機械式２段式過給機としたのは、エンジンの排気管を改良して、スピットファイアの速度を約24km/h上げて、馬力にして150hpアップと同じ効果をあげていたのを無駄にしたくなかったというもので、一概に双方の方式の優劣はいえないだろう。

この２段圧縮方式でもうひとつ問題になるのは、二重に圧縮されることによって生じる温度上昇で、そのままエンジンに入れると、シリンダー内で異常燃焼が生じるトラブル発生となる。異常燃焼をさせないようにするには、温度をうまく下げてやればよい。

ロールスロイスは、２段過給機の後に小型の熱交換機、アフタークーラーをエンジンに抱かせ、温度を下げた。しかし、アリソン流２段過給機を付けたP-63では、水噴射（ADI）で下げる方式を採用した。この方式では搭載する水の量によって最大馬力が得られる時間が制限され、P-63では緊急出力（WER）が計15分に制限された。

この難点解消にと、アリソンもロールスロイス流を試みたことがある。

アリソンのV-1710に２段過給機とクーラーを組み合わせたのがV-1710-119で、２段圧縮で発生する熱の半分を除去するマーリンのものより大きいアフタークーラーをエンジン後方上部に付けた。1943年から開発を開始、高度30,000ft（9,000m）で1,200hpを出す計画だった。軽量型ムスタングXP-51Jに搭載されて、1945年４月23日に初飛行したが、ノースアメリカン社では９回の飛行でほとんどテストせず軍に引き渡した。なぜかは不明だが、恐らくキャブレーターの不調とみられている。アリソンの２段過給機＋アフタークーラー付きエンジンの開発は失敗した。

### ダブル発動機型V-3420

アリソンが開発したエンジンには、V-1710を双子とするV-3420がある。

このエンジンは、２基のV-1710を中心から90°傾けた位置に置き、共通のギアボックスで結合して、プロペラを廻そうというもので、手早く堅実な開発を狙っていた。この構成により、エンジンを構成する11、630の部品中930を除いてはV-1710と共通だった（注７）。

型式としては、２つのクランクシャフトが同方向に回転するA型と、クランクシャフトが互いに反対方向に回転して、２つのプロペラの回転を互いに逆回転とする、二重反転プロペラ駆動をするB型の２つが作られ、24気筒で2,600hpを狙っていた。

計画は第二次世界大戦前の1930年代に始まり、1938年４月にテスト開始、まず、A型が1941年６月27日にダグラスXB-19Aに搭載されて初飛行した。実際に搭載されて飛行したのはA型の方が多く、B型はフィッシャーP-75のみだった。ちなみに、B型はエンジンから２本のシャフトを出して、機首で１つのギアボックスにまとめ、二重反転プロペラを廻した。

V-3420は機械的に健全なエンジンと報じられ、２つのエンジンの運転には各シリンダーの発火時期を微妙にずらす運転方式を考案したが、主なトラブルは、過給機が右側のクランクシャフトで駆動されるためか、各シリンダーへの均等な給油エンジンの燃料分配が困難で量産段階まで解決されなかったという（注８）。

本エンジンを搭載した機体が制式採用にならなかったので、製作数は、両型合わせて、約160基（注７）だった。

### V-1710の評価は?

アリソンのV-1710は、通説ではあまり高く評価されていない。これは、ひとえに高空性能の欠如を指してのことだ。言い換えると、陸軍からの高空飛行にはターボ・スーパーチャージャーを併用するとの指示があって、エンジンに２段式過給機の装着の開発が遅れたためだが、さらに、実際の開発にも失敗した。

だが、アリソンの内情を見ると、V-1710が生産移行に移された時の同社での技術部の人数は青図焼き係を入れて25人で、終戦時には約1,000人に増員されたが、半分は親会社のGM系からの戦時派遣だったという（注８）。

アリソンの比較の対象となるロールスロイスは、第一次世界大戦からの飛行機用エンジンのメーカーで、経験やノウハウの蓄積がはるかに大きい。ロ

**第二次世界大戦期の**
**米主要飛行機用エンジン出荷数**

| | |
|---|---|
| アリソン V-1710 | 69,233 |
| R.R. マーリン | 55,135 |
| ライト R-1820 | 35,862 |
| P&W R-2800 | 35,026 |
| ライト R-3350 | 13,827 |

期間：1940年～1945年　米商務省数値　出典：注8

ールスロイスもマーリンの開発では苦心したが、修羅場をくぐり抜けた経験をエアレーシングで積んでいるので、戦時には強い。アリソンは、GMからの援助でやっとエンジンの開発に成功したベンチャー企業なので、力の差は大きかった。

エンジン自体は悪いエンジンではなく、V-1710が与えられた能力の範囲では、タフで信頼性充分だったことを英国の航空技術評論家のビル・ガンストンが証言しており、アリソン付きのP-51のほうが乗り心地がスムーズだったとも言っている（注10）。また、コンロッドではマーリンのそれより強度が優れているとして、戦後の米国での第二次大戦戦闘機のレースで愛用されたという。

アリソンの隠れた特徴は、きわめて生産性に富んだ設計だったことで、旧日本陸軍技師が戦時中に記述した記事でも認めており、エンジン自体の潜在発展余地はマーリンより大きいと高評価されている（注11）。

エンジンの評価は、搭載した飛行機にもよるが、初期に搭載されたカーチスP-40の評価が高くないので、エンジンも道連れになった格好だが、ノーアメリカンP-51に搭載されたときは、英国では約同馬力のスピットファイアVより35mph（56km/h）速いと報告された（注12）。さらに、英空軍ではアリソン付きムスタングを低空飛行任務の多い戦術偵察戦闘機に終戦まで使用しており、決して悪いエンジンでないことを立証している。

第二次世界大戦でのV-1710出荷数は69,305基、アメリカの第二次世界大戦中に製作された航空レシプロ・エンジンに占める割合は約15%で、このうち、アリソンは55%だった（注13）。

Photos : Toshio FUJITA

フィッシャーP-75Aに搭載されたV-3420。V-1710を２基連結した24気筒構成で、二重反転プロペラを廻す。

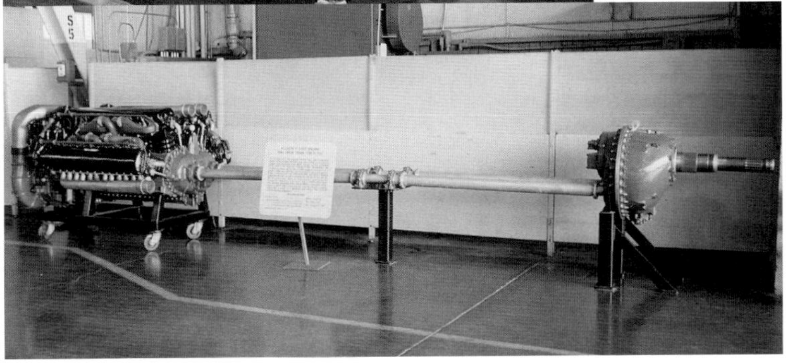

**第二次世界大戦期の米メーカー別**
**飛行機用エンジン製作数**

| | |
|---|---|
| P&W（注A） | 355,985 |
| ライト（注A） | 223,036 |
| アリソン | 69,305 |
| ロールスロイス（注A） | 55,511 |
| コンチネンタル | 28,828 |
| ライカミング | 24,871 |
| ヤコブス | 20,505 |
| レンジャー | 14,266 |
| エアクールドモーターズ | 6,222 |
| キンナー | 3,158 |
| ワーナー | 2,015 |
| メナスコ | 525 |
| 合計 | 804,227 |

期間：1940年７月～1945年８月/軍受領数　注Aはライセンス生産含む　出典：注13

参考文献

注１："Langrey's Aero Engine of 1903" Robert B. Meyer, Jr., Smithsonian Institution Press, 1971.
注２："The Wright Brothers' Engines and Their Design" Leonard S. Hobbs, Smithsonian Institution Press, 1971.
注３："Curtiss-Wright Greatness and Decline" Louis R. Eltscher and Edward M.Young, Twayne publishers, 1998.
注４："The Liberty Engine 1918-1942" Philip S. Dickey Ⅲ, Smithsonian Institution Press, 1968.
注５：'The Navy gets an engine', Harvey Lippincott, Journal of American Aviation Historical Society, Winter 1961/Vol.6No.4
注６："Aircraft Piston Engines" Herschel Smith, McGraw-Hill Book, 1981.
注７："The Allison Engine Catalog 1915-2007", John M. Leonard, Rolls-Royce Heritage Trust-Allison Branch, 2008.
注８："Vee's for Victory" Daniel D. Whitney, Schiffer, 1998.
注９："Lockheed P-38 Lightning" Steve Pace, Mortorbooks, 1996.
注10："The Development of Piston Aero Engines" Bill Gunston, PSL, 1993.
（『航空ピストンエンジン』川村忠男訳、グランプリ出版、1998年）
注11：「鹵獲敵機の発動機について」金子武雄、『航空朝日』、昭和18年５月号
注12："Rolls-Royce and the Mustang " David Birch, Rolls-Royce Heritage Trust, 1987.
注13："Buying Aircraft" Irving B. Holley, jr., GPO, 1964. Appendix C

離陸間際のP-38F。ファウラーフラップが下がっているのが分かる。このフラップは空戦時の機動を助ける際にも利用された。 *Photo : IMPERIAL WAR MUSEUM*

# 構造とシステム

解説：藤田勝啓

## やや厚めだった主翼

P-38は幅15.85mで、付け根（胴体中心線）の弦長2.97m、翼端（丸みを帯びた翼端部が取り付けられる部分）弦長0.91m、面積30.4㎡、アスペクト比8.24、テーパー比3.25の主翼を用いた。翼型は付け根がNACA 23016（厚比16%）、翼端がNACA 4412(12%)で、胴体ナセルへの取り付け角は2°、上反角は5.4°。

16〜12%という翼厚比は、同時期に作られたベルP-39やカーチスP-40（どちらも付け根が15%、翼端が9%）よりやや厚めだが、内翼部に設ける燃料タンクの容量を大きくし、主翼の剛性を確保するために選定されたという。

その構造は翼弦の35%位置に主桁を通し（左右の桁はコクピットの座席の直後で結合し、その高さは中心線の48.3cmから翼端の3.8cmへとテーパーする）、前方（内翼部だけ）と後方に補助桁を配する方式。胴体とエンジンナセルの間は、これらの桁の間にリブを設けず（そこに燃料タンクを配するため）、メインタンク部分は内側に波板を使った二重構造の外板を使うことで、リザーブタンク部分はフォーマー（整形材）により強度を確保している。

外翼部の主桁と後方補助桁の間にはやはり二重構造の外板が用いられ（内翼部よりも板厚は薄い）、ターボ過給機の中間冷却器を埋め込んだ主桁の前方部分には14本のリブを配したが、そこを燃料タンクにした後期型ではリブの数を減らし、弦長方向の波板を外板の内側につけるように改められた。

なお、機体全体にわたり外板には沈頭鋲を使用し、段差のない衝き合わせ方式にして空気抵抗の減少を図った。それまでにも沈頭鋲を使った飛行機はあるが、アメリカで機体の全部にそれを適用したのはP-38とP-39だった。

## フラップを空戦にも使用

内翼部と外翼の補助翼の内側に付けられたフラップは、後方に迫り出しながら下がるファウラー式で、ロッキードではすでにモデル14旅客機に用いて成功していた。そのころ一般的だったスプリットフラップ（後縁部の下面がそのまま下に下がるタイプ）より揚力増加の効果は大きく、P-38がかなり高翼面荷重であるにもかかわらず、着陸速度を低めることに貢献している。

P-38は三車輪降着装置を採用したので、尾輪式の機体のようなグラウンドループを起こす心配がなく、そして左右のプロペラの回転方向を逆にしてトルクをなくしたので、着陸のアプローチでパワーを絞るのに応じて方向舵のトリムタブを動かす必要がなく、着陸は非常にスムーズだった。

このフラップは離陸滑走距離を短縮するため、1/2下げ位置を使うことができた。フラップのコントロールレバーを「ダウン」位置にし、計器板に付いているフラップの下げ角度表示器（脚の下がり具合も一緒に表示）を見て、それが1/2になったところでレバーを「クローズ」（上げ位置）に戻すと、フラップが1/2下げの状態にロックする。これは初期型の話で、P-38F-15から空戦時に使う「マニューバー（機動）」位置が設定されたので、離陸時にフラップを使いたいときはコントロールレバーを単にその位置にすればよくなった。マニューバーフラップは空戦フラップとも呼ばれ、日本でも中島の一式戦「隼」や二式戦「鍾馗」が蝶型フラップという名で使用したが、主翼の揚力を増して旋回性能の向上を図るものである。

1942年8月から翌年1月にかけてエグリン・フィールドで行なわれたP-38F（まだ空戦フラップのない初期生産機）、P-39D、P-40F、P-51（型が記してないが、時期的に考えてP-51Aだろう）、P-47（同様にP-47BかCだろう）の戦闘適合性のテストリポート（1943年3月作成）には、高度12,000ft（3,660m）までの低空ではP-38Fの旋回半径は他の3機より大きいが、12,000ftから15,000ft（4,570m）ではほぼ同等、それ以上になると同等あるいはいくらか勝ると書かれている。

また、イギリスで各種戦闘機の比較テストをしたオーストラリア空軍の航空戦闘開発班のP-47CとP-38F（これも初期型）のリポートでも、旋回半径はP-38Fの方が少し小さく、そしてコンバットターン（上昇しながらの旋回）をはるかに低速でこなせ、とくに右方向の場合はP-47が追随できないと記している。そして、「P-47はダイブ・アンド・ズーム戦術が最適な高高度戦闘機であり、P-38にほぼ匹敵し、操縦しやすいが、小官はP-38の方を好む」と報告者はリポートを結んでいる。

それにはP-38の失速特性が非常によかったことが影響しているようで、失速特性をほめているパイロットは少なくない。失速速度に近づくと振動が始まるが、まだエルロンが効きを失わず、失速は翼の付け根のほうから始まるので、翼端失速で機体がひっくり返ってスピンに入ることはなく、機首を下げればすぐに速度を回復できた。

後で触れるが、P-38はロールをするのに時間がかかり、その旋回能力をうまく発揮できないという問題を抱えていたが、双発戦闘機でありながら単発戦闘機に引けをとらない旋回性能を備えていた。そして、空戦フラップの採用により、旋回性能はさらに向上した。

具体的に数値を上げたリポートを見たことはないが、P-38FとP-38G（空戦フラップが使え、パワーの大きいエンジンを搭載）を比較した米陸軍のリポート（1943年５月作成）では、P-38Gの旋回性能は空戦フラップによりP-38Fをはるかに上回り、360°旋回で180°近い差をつけ、高度25,000ft（7,620m）で旋回するとP-38Fが計器速度145mph（233km/h）で失速するのに対し、P-38Gは110mph（177km/h）あたりまでもったとされている。

大戦中にアメリカでは戦闘機に関する研究会議が何回か開かれ、そのひとつで戦闘機の旋回性能を比較したことがある。実際に飛行テストを行なって測定したわけではなく、重量と翼面積から翼面荷重を計算、それに最大揚力係数を考慮に入れて３Ｇの旋回をして失速する速度を割り出し、それが低いほどいいとして順位をつけたもので、その結果は次のようになった（数字は計器速度）。

１位：FM-2＝118.3mph（190km/h）
２位：P-63A-9＝132mph（212km/h）
３位：P-61B-1＝137mph（220km/h）
４位：F6F-5＝139mph（224km/h）
５位：P-51D-15＝159mph（256km/h）
６位：P-38L＝170mph（274km/h）
同位：P-47D-30＝170mph（274km/h）
８位：F4U-1D＝172.5mph（278km/h）

１位のFM-2ワイルドキャット（グラマンF4FをGMで生産した型）はともあれ、２位がP-63キングコブラ、そして３位が大型な夜間戦闘機P-61ブラックウィドウというのに意外な感じを抱く人が多いと思うが、これはあくまで計算上のことで、実際には操縦特性などが影響する。それにP-38Lは空戦フラップを使わないという条件で計算されており、それを使えばもっと上位に位置したはずだ。

実際に戦闘を経験したパイロットのなかにフォッケウルフFw 190と旋回戦闘に入り、内側に回り込んだといった経験を記している人が少なくない。Fw 190の旋回性能はよくなかったので（捕獲したFw 190AとP-38Fの比較テストを米陸軍のリポートでは、高速ではFw 190の方が旋回半径が小さいが、低速になるとP-38Fの方が勝り、Fw 190は追随できないとしている）、あまり自慢にはならないが、もちろん、

**外翼部接合部および中間冷却器**

初期のP-38は外翼部の前縁にターボ過給機からエンジンの気化器に送る圧縮された空気の中間冷却器を組み込んでいた。しかし、トラブルが多く冷却能力が不足したので、P-38J以降は中間冷却器をエンジンナセルに付け、外翼前縁部を燃料タンクに利用した。

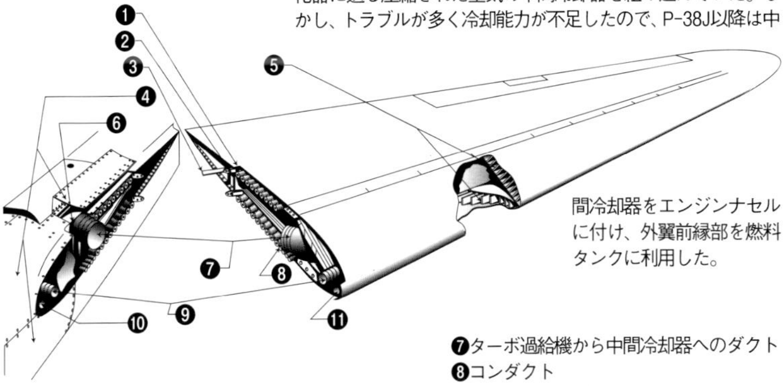


❶取り付け金具
❷後方補助桁
❸フラップ作動用チューブ
❹エンジンカウリング
❺中間冷却器
❻主桁
❼ターボ過給機から中間冷却器へのダクト
❽コンダクト
❾中間冷却器から気化器へのダクト
❿エンジンマウント
⓫エンジンマウントへの取り付け部

そうした旋回戦闘がP-38の本領だったわけではないが、かなりの旋回性能を備えていたことを繰り返して述べておきたい。

その空戦フラップに関してパイロットが文句をつけているのは、フラップのコントロールレバーの位置だ。それはコクピットの右側にあった。戦闘に入るとパイロットは左手をスロットルに置き、右手でコントロール・ホイールを操作する。つまり、ホイールを左手に持ちかえないと、空戦フラップ位置にできず、それからまた元のように手の位置を変える必要があるのだ。この空戦フラップ位置は計器速度250mph（402km/h）以上では使用禁止（高速だとフラップが破損するので）だったから、旋回の後真っすぐ敵を追う（あるいは逃げる）のにスピードを上げたら、またホイールを持ちかえて、フラップを上げなければならない。操縦桿の頂部に空戦フラップのスイッチを付けていた二式戦に比べると、配慮が足りないといわざるを得ない。

## 油圧ブーストになったエルロン

そして、P-38の運動性を阻害したのはロール（横転）の遅さだった。旋回するには機体をロールさせねばならないが、翼幅が大きく、機軸より外側に重いエンジンを積んでいる双発機の宿命としてロール率が低く、とくに初動がもたついた。敵を追おうとしてロールさせても、P-38の特性を知っている敵が逆に切り返したら、もう姿が見えないという状態になる。また、敵に襲われたとき、回避が遅れて撃墜されることも少なくない。Fw 190は旋回性能がよくなかったものの、ロールの速さでは群を抜いており、それが大きな武器になっていた（アメリカの戦闘機でロール性能がよいとされたのはP-40）。

その問題に対して、P-38Jからはエルロン（補助翼）を軽い力で動かせるように、油圧ブースト機構が組み込まれた。高速になると舵が重くなるのはどの戦闘機でも同じことで、ジェットの時代に入ると機力操縦が当たり前になるが（初期のジェット戦闘機にはまだ人力操縦の機体もあったが）、戦闘機でそれを最初に用いたのはP-38だったのだ。ロッキードは高速旅客機コンステレーション（大戦中は軍用のC-69とされた）に機力操縦システムを用い、その技術を生かしてP-38の改善を図ったのである。

それでエルロンは軽くなり、高速時のロール率が改善されたが（低速では人力で充分に動かせたのが、機力にしてもあまり変わりない）、舵がぎくしゃくした感じで、ロールを思ったところでピタリと止められないといった批判もあった。この油圧ブースト式エルロンの採用によってどの程度のメリットが生じたか把握しにくいが、前よりよくなったことは間違いない。

なお、第二次大戦の戦闘機はエルロ

ンのような翼面を羽布張りにした機体がほとんどで、高速時に羽布が凹んだかたちになり、操舵に影響したという事例もあるが、P-38はそうしたことに配慮して、最初から操縦翼面をすべて金属外板にしていた。

## ダイブフラップの追加

P-38は高空でダイブすると、すぐに主翼の一部から衝撃波が発生して、激しい振動が起こり、機首を引き上げるのが非常に難しくなるという問題を抱えていた。付け根16%、翼端12%という厚めの主翼を用いていたので、比較的低い速度でそうした空気の圧縮性の問題にぶちあたってしまったのだ。イギリスのホーカー・ハリケーンのようにもっと厚い主翼（付け根19%、翼端12%）を付けた戦闘機もあったが、基本的な速度が遅いのでダイブしても危険な速度に達しなかった。

高度20,000ft（6,100m）あたりより低ければ、そのような問題は発生しなかった。高空だけで問題になったのは、海面高度では340m/秒である音速が高度10,000mでは300m/秒程度なので、真速度は同じでもマッハ数が高くなるためだった。

中高度なら大丈夫だといっても、ターボ過給機を装備して高空まで大きなパワーを保持できることを特徴としたP-38にとって、これは大きな痛手だった。ドイツ爆撃に向かったB-17やB-24は20,000～28,000ft（6,100～8,530m）あたりの高度を飛行した。その上方から攻撃をかけてくるドイツ戦闘機に対処するには、約39,000ft（11,890m）という実用上昇限度を生かして爆撃機より高い位置にいた方がいいが、敵を目がけてダイブしたら、たちまち引き起こし不能になるというのではどうにもならない。

垂直に近い状態でダイブするのではなく、降下する角度を20°あたりに抑えても、危険なマッハ数に達した。降下するときにエンジンのパワーを落とし、左右に機体を振ったりすれば速度の増加がいくらか抑えられるが、敵を目の前にしてそうしたことができるのはかなりのベテランだけだろう。ドイツ戦闘機はP-38がダイブできないことを知り、攻撃されたら機体をひねりながら降下するスプリットSを常道とした。

衝撃波はマッハ0.67あたりで発生しだし、バフェットが始まる。そしてマッハ0.74になるとタックアンダー状態になり、機首がますます下がる。そこでマッハ0.65に相当する計器速度である30,000ftでの290mph（467km/h）、20,000ftでの360mph（579km/h）が制限速度として設定された。これは真速度では440mph（708km/h）と460mph（740km/h）にあたる。

これに対する基本的な解決策のひとつは薄い主翼を使うことで（ドイツは後退翼という革新的な手も研究していたが）、付け根13.2%～翼端6.6%という非常に薄い主翼のスピットファイアはマッハ0.9まで出すことができた。また、P-51は厚比が16.5～11.5%というP-38なみの主翼を付けていたが、使用した層流翼型の先端が通常のものより尖ったかたちだったので衝撃波の発生が遅く、制限速度はマッハ0.81相当とされていた。

しかし、量産が進められているP-38の主翼の設計を完全に変更するのは不可能なので、P-38Jから外翼部の下面にダイブフラップを付けることで妥協することにされた。それは左図にしたような形状をしており、急降下爆撃機のダイブブレーキとは違い、多少抵抗が増えるので降下速度を抑える役もするが、その主な目的は以前ならタックアンダーになる状態でも機首を引き起こせるようにすることだった。

パイロットはダイブする前、もしくはダイブに入ったらすぐにそのスイッチを入れる。フライトマニュアルに書かれている制限速度は前と同じだが、それまでその速度を超えてはならない

### ダイブフラップ

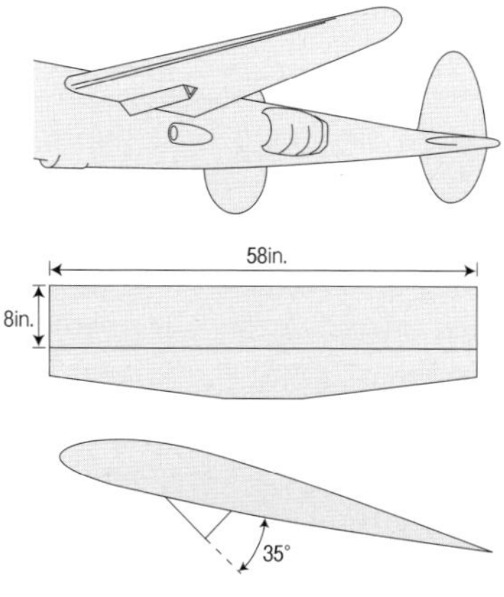


高空でのダイブ時に生じた問題に対処するため、P-38Jから外翼下面にダイブフラップが追加された。58×8 in.（147×20㎝）の板の後方に台形をした板が付き、作動させると主翼下面に山形に突き出す。

### P-38J/Lの燃料タンクの配置

内翼部の主桁と後方補助桁の中間にメインタンク、その前方にリーザーブタンクが配され、P-38J以降は外翼の前縁部にもタンクが付けられた。

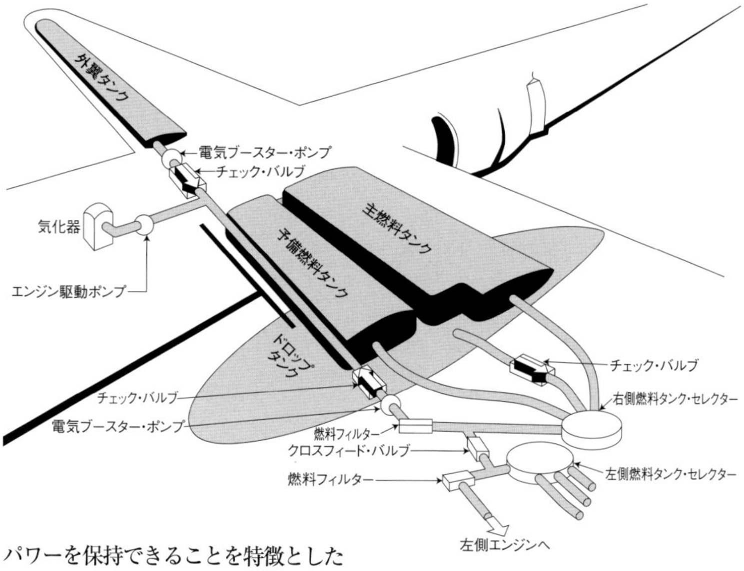

とされていたのが、ダイブフラップを付けた後では制限速度を20mph（32km/h）以上超えてはならないと書かれている。つまり、これにより20mphの余裕をもってダイブから引き起こせるようになったわけだ。

ロールが遅い、高空でダイブするには注意がいるといった問題があったが、P-38は大戦初期にはトップクラスに入り、後期になってもそれほど他の戦闘機に見劣りのしない速度性能を備えていた。そして上昇率についてはつねにトップクラスに属し続けた。飛行機のデータというのは条件によってかなり差が出るので、公式なデータを比較しても判然としない部分が残り、P-51Dの方がP-38Lよりいくらか上昇率が勝っていたというデータもあるが、P-38LからP-51Dに使用機種が変更になり、P-51Dの上昇率にがっかりしたと書いているパイロットもいる。ともあれ、その上昇力がかなり高かったことは確かで、そうした特性を生かして戦えばどんな戦闘機が相手だろうと怖くはないと言うベテランが少なくない。

別の面から見ると、P-38は単発戦闘機より複雑で、操縦・戦闘に習熟するまでに時間がかかった。初期にはろくにP-38での訓練を積んでいないパイロットが戦場に出たので、損害が大きかったが、後期になると情況は変わった。戦闘経験を積んだベテランが増え、新規に送られてくるパイロットの質もよくなり、一方ドイツや日本の方はベテランが消耗し、訓練時間の短いパイロットが多くなってきた。そうなれば、空戦の結果は逆転する。パイロットの腕だけで決まるとまではいえないが、P-38はそうしたパイロットにより、備えていたポテンシャルが発揮されるようになったのだろう。

## 燃料システム

P-38DからP-38Gまで燃料は内翼部の2つのタンクに収容され、主桁と後方補助桁の間にあるものがメインタンクと呼ばれ、フライトマニュアルに記されている容量は93gal（352ℓ）。その前方はリザーブタンクと呼ばれ、容量60gal（227ℓ）。

合計すると306gal（1,158ℓ）になるが、一般には300gal（1,136ℓ）とされている。数字を少し丸めて記すのはよくあることで、P-38Fから翼下に増槽を搭載できるようになったが、その増槽は150gal（568ℓ）と書かれたり、165gal（625ℓ）とされたりしている。150galというのは丸めた数字のようだが（陸軍が標準タンクとしていた75galタンクの2倍）、P-38D/F/Gのフライトマニュアルではそう書かれているのに、P-38H/J/Lのマニュアルになると165galになっているだから、どちらの呼び方でもいいわけだ。

P-38Jからは外翼の前縁部に各55gal（208ℓ）のタンクが追加され（左ページ上図はその形態を示す）、一般的なデータではそれで計410galとなり（マニュアルの数字では416gal）になった。YP-38やP-38-LOはタンクをインテグラル式にしていたので容量410galだったが（XP-38もそれと同じはずだが、公表されているデータでは400galとされている）、P-38Dからタンクを内側にゴムを貼った自動防漏（セルフシーリング）式にしたので、前述のように300galになっていた。それが外翼タンクの追加によりもとの容量に戻ったわけで、その追加により約1時間余分に飛行できるようになった。

そしてP-38Gから300gal増槽を使用できるようになっていたので（Hからだとする資料もあるが、Gでも実際に使用している）、それを2本付けると燃料は総計1,010gal（3,823ℓ）にも達した。

左ページ上図のように左右の燃料タンクはクロスフィードを介して移送できるようになっていたが、そのポンプは電気モーターで駆動し、そして発電機は左側エンジンに付いていた。それでは、その左側のエンジンが故障、あるいは被弾して動かなくなったらどうなるか。P-38は片方のエンジンが止まっても飛行できるというので安心感が持たれていたが、左側が止まったら右側の燃料タンクしか使えなくなるので、重量の不均衡により機体が傾き、そして左側タンクに燃料が残っていても、基地までたどり着けないという事態も起こるという理屈になる。

実際にはもっとひどいことになった。

**P-38Lの胴体断面**

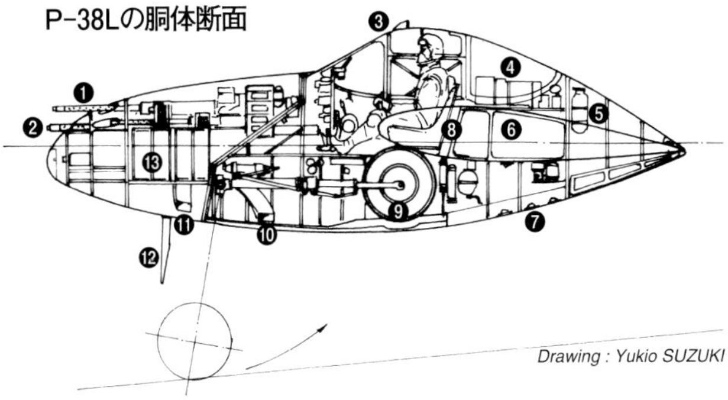

Drawing : Yukio SUZUKI

❶12.7mm機関銃
❷20mm機関砲の弾倉
❸リアビュー・ミラー
❹無線機
❺油圧リザーバー
❻内翼部メイン燃料タンク
❼縦方向に3つ並んだ識別灯
❽主桁
❾前脚
❿20mm薬莢排出口
⓫12.7mm薬莢排出口
⓬アンテナ
⓭12.7mm機関砲の弾倉

P-38は胴体ナセルの後部に乗降用のハシゴを組み込んだ。ロックを解除すると下がる仕組みで、幅が狭く、主翼後縁とは90°の角度がついているので、乗り降りにはちょっとしたコツが必要だった。

Photo : SMITHSONIAN INSTITUTION

⬆ 翼下パイロンには爆弾だけでなく、魚雷を搭載することも考えられ、投下テストに成功したが、実用はされなかった。ともあれ、戦闘機で魚雷２本を搭載できたのはP-38しかない。

⬅ P-38Fから内翼下面にパイロンが設けられ、増槽や爆弾が搭載できるようになった。これは165gal入りのもので、もっと大型な300galタンクも使用された。

P-38が使ったカーチスのプロペラは電気でピッチ変更などを行なう方式だったのだ。もうお分かりだろうが、発電機が付いている左側エンジンが止まったら、右側エンジンはピッチの調整ができなくなるのだ。

さすがにその非に気づき、P-38Jの後期型から左側エンジンにも発電機が付けられたが、遅きに失したというべきだろう。また、初期の機体にはエンジンが火災を起こしたときの消火装置が付いていなかった。こうしたことはP-38に限らず、アメリカの戦闘機には生存性に対する配慮が欠けていた感があるが、やはり実戦を経験しないと分からなかったのだろう。

## 胴体と武装

胴体ナセルは最大幅96.5cm、最大高183cmというサイズで、図のようにコクピットの前方に武装を集中して装備し、下面に前脚を収容、コクピットの後方には無線機などを配置した。

通常の戦闘機に見られない装備は、三車輪式降着装置を採用し、主翼の位置が高いため、ナセル後部に引き出し式のはしごを備えたこと。写真で分かるように幅が狭く、パラシュートを背負ったパイロットが気軽に昇れるようなものではなく、後ろにひっくりかえる新米パイロットもいたという。

機首に搭載した武装は、米軍の標準重機関銃として広く使用されたブローニング12.7mmが４挺と、フランスのイスパノスイザ20mm機関砲をライセンス生産したM1もしくはM2が１門。

ブローニング12.7mmは米陸軍のほとんどの戦闘機に搭載されたのでなじみ

**20mm機関砲**（P-38F/G整備マニュアルのパーツリストから転載）

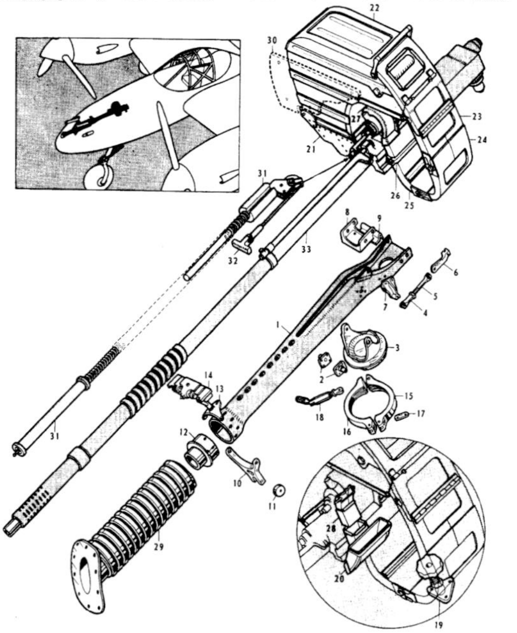

20mmの弾倉は兵器室の一番後方に配置され、図の右下の丸で囲まれた部分は弾倉の薬莢排出シュートを示す。

**12.7mm機関銃**（P-38F/G整備マニュアルのパーツリストから転載）

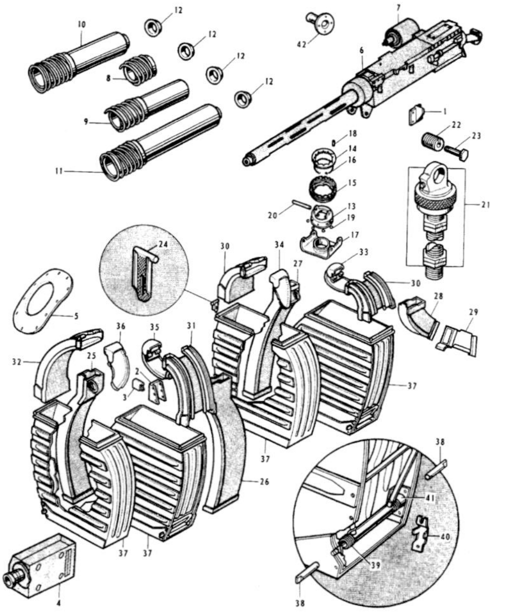

４挺の12.7mm機関銃は前後にずらして搭載され、それらの４つの弾倉が前後方向にうまく並ぶようにされている。弾倉は左右用で形状が異なり、それらの先頭にある四角い箱のようなものはガンカメラ。

深いが、P-51やF6Fがそれを6挺付けてよしとしたのは（P-47は8挺にしたが）、世界の12.7㎜機関銃のなかでかなり強力な部類に属していたからだ。それを端的に示すのは薬莢のサイズで、ブローニング12.7㎜の薬莢は長さが99㎜もある。ちなみにドイツの13㎜機関銃MG 131のものは薬莢の長さが64㎜（日本海軍の二式13㎜も同じ薬莢を使用）。もちろん機関銃そのものの設計も威力に影響するが、薬莢の大きさにこれだけの差があれば、その破壊力に開きが生じるのは当然だ。

イスパノスイザ20㎜も、スピットファイア後期型などに搭載されたので有名だが、これも20㎜の仲間では強力な部類に入る機関砲だった。その薬莢の長さは110㎜で、ドイツの戦闘機に広く使用されたMG 151/20は82㎜。軍用機の武装のデータには口径だけしか書かれないことが多いが、それはクラス分けをしただけであって、機関銃の威力に違いがあることを知っていた方がいいだろう。

米海軍は大戦末期に、一部の戦闘機にイスパノスイザ20㎜を付け、1門でブローニング12.7㎜ 3挺に相当するとしたが、その計算をP-38の武装に当てはめれば12.7㎜7挺分の威力を備えていたわけだ。そして主翼に武装を付けた機体よりも、それらの弾道をまとめるのに機首部への集中搭載が役だっている。

機首から突き出した銃身の長さが違うことから分かるように、12.7㎜機関銃は前後にずらして搭載され、それらの弾倉が順番に並べられるようにした。弾倉は左舷側用と右舷側用で形状が異なるが、収容数はどちらも各500発。それらの後方に配された20㎜機関砲の弾倉は150発を収容する。

機首の先端にはガンカメラが付けられたが、発射の振動で鮮明な画像が得られないというので、P-38Lでは（ずいぶん後からだったわけだが）、左翼パイロンにカメラが移された。パイロンに組み込めたということから、弁当箱を厚手にしたくらいのサイズで、かなり小型だったことが分かる。大型のガンカメラしか作らず、搭載するカメラ

P-38の機首部には中央に20㎜機関砲が装備さqmm機関銃が装備された。12.7㎜機関銃は前後にずらして取り付けられているので、銃身の突き出す度合いが違っているのがよく分かる。なお、20㎜機関砲の収容部分にはこの後、中央に丸い穴が空いたカバーが付けられる。

の性能が低下するとほとんど使用しなかった日本軍とは、大きな違いだ。

感心するのはN-3というガンカメラが、単に小型というだけでなく（英空軍も同じくらいのサイズのガンカメラを使っていた）、知識が乏しい者でも扱えるようになっていたことだ。16㎜フィルム（マガジンに入ったものをはめ込む）を使ったカメラなのだから、露出を合わせねばならないが（まだ自動露出など夢の話だった）、シャッター速度は一定にして絞りを変えるだけにしたのは妥当だとしても、セットする絞りの目盛にF値だけでなく、「快晴」、「晴れ」、「曇り」といった文字も入れている。それならカメラの知識がない者でも、その日の空を見上げてシャッターの設定ができるわけだ。

内翼下面のパイロンは爆弾の搭載にも利用でき、テストだけに終わったが魚雷も搭載できた。搭載できる爆弾は当初500ℓb爆弾までだったが、1,000ℓb爆弾も積めるようになり、最終的には2,000ℓb爆弾の搭載も可能になった。2,000ℓbが2発となると、航続距離はかなり短くなるが、計4,000ℓbというのは爆撃機なみで、戦闘機でこれほどの搭載量をもつ機体はほかにない。

内翼下面パイロンの両側に小型のパイロンを追加した機体もあるが、現地改修らしく、搭載許容量のデータは分からない。増槽を付けた状態でも爆弾を積みたい（165gal増槽に加えて小型爆弾各2発を積んだ写真があり、そのままでは増槽にぶつかるので爆弾を投下できないが、増槽を投下した後なら問題ない）、あるいは小型爆弾を6発積みたいということでパイロンが追加され、合計搭載量は4,000ℓbくらいまでの制限したのだろう。

なお、パイロンが2つだけの機体でも、爆弾を双方に搭載したのでは航続距離が不足する場合には、片側に爆弾、もう片側に増槽という形態で出撃することもあった。また片側だけに爆弾か増槽という非対称の形態でも使われたが、パイロンが機軸に近い位置にあるため、比較的容易にトリムをとることができたわけで、単発機がプロペラ圏外のパイロンに搭載する場合はそうはいかなかった。

爆弾に加え、バズーカ砲のように筒に入れた状態から発射する3連の4.75in.ロケット弾ランチャーを胴体両側面に搭載した機体もあったが、射程が短く、弾道の精度もよくないので、P-38Lでは外翼下面にもっと強力な5in.ロケット弾をクリスマスツリー型と呼ばれるランチャーに各5発ずつ搭載できるようになった。

## コクピット

機首にエンジンを積んだ単発機より前方視界が優れていることは、そのコクピットの形状を見れば明らかだが、エンジンナセルにさえぎられて側方視界は悪く、外形からはそう見えないのだが、後方視界もあまりよくなかったという。2本のブームが後方まで延び、水平尾翼と垂直尾翼があり、キャノピーの後方に枠があったせいだろうか。

**P-38J-25の主計器板**

（1）予備磁気コンパス （2）吸引空気圧計 （3）時計 （4）ジャイロ水平儀 （5）マニフォールド圧力計 （6）回転計 （7）右側エンジン計（滑油の温度と圧力、および燃料の圧力を表示）（8）冷却液温度計 （9）気化器空気温度計 （10）BC-608コントラクター （11）発電機スイッチ （12）電流計 （13）コンパス補正用カード （14）左側エンジン計（滑油の温度と圧力、および燃料の圧力を表示）（15）上昇率計 （16）旋回計 （17）速度計 （18）ジャイロ方向表示器 （19）遠隔表示コンパス （20）リザーブタンク燃料計 （21）メインタンク燃料計 （22）油圧システム圧力計 （23）高度計 （24）降着装置警告灯 （25）降着装置警告灯テスト・ボタン （26）予備電球

それにキャノピーの高さが低く、身長180cm以上だとちょっと窮屈だったというから、頭を動かせる範囲が限定され、首をねじって後方を見るのが難しかったのかも知れない。とはいえ、キャノピーの後方が胴体の線につながるレザーバック型（P-47やP-51の初期型など）のものよりは視界がよかっただろうと想像できる。キャノピーの上部にはリアビュー・ミラーが付けられ、視界を補っている。

コクピット内の配置は、双発なので単発機より計器やスイッチ類が多く、前述のようにフラップの操作レバーが右側にあり、空戦フラップが採用された後もそのままだったというような問題もあった。おかしなのはそれだけでなく、P-38にはP.94の図に示したような装甲がなされていたが、初期型では前方風防の内側に防弾ガラスが付けられていたこともある。

防弾ということではそれなりに役立ったのだろうが、その取り付け位置からガンサイトはガラスの向こう側に付けることになり、見やすいかどうかといったことを別にしても、ガンサイトの電球が切れたら交換するのが大変だ。隙間がどのくらいなのか写真ではよく分からないが、飛行中の電球交換は不可能かも知れない。電球が切れただけでミッションの途中で引き返すというのでは、あまりにも悲しいではないか。

それではまずいと、防弾ガラスの下をくぐる長い支持架を付け、その上にガンサイトをのせたりもしたが、胴体着陸時に頭をぶつけて負傷の原因になる。これはヨーロッパでは広く知られていた問題で、イギリスのMk.8ガンサイトは前面部分にクッションを付け、ドイツ戦闘機では使わないときにはガンサイトの位置をずらすようにした機体もあった。しかし、アメリカのものではP-51の初期型に付けられたN-9が

**コクピット左側（P-38L-5）**

（1）スポットライト （2）スロットル （3）プロペラ・ガバナー・コントロール （4）プロペラ・セレクター・スイッチ （5）燃料混合コントロール （6）外翼燃料タンクの残量減少警告灯 （7）空気フィルター・コントロール （8）外翼燃料タンクの残量減少警告灯テスト・スイッチ （9）プロペラ・サーキットブレーカー・ボタン （10）酸素圧力計 （11）点火スイッチ （12）無線機送信ボタン （13）コクピット暖房コントロール （14）ロケット弾アーミング・スイッチ （15）ロケット弾選択スイッチ （16）ロケット弾リセット・ノブ （17）無線機音量コントロール （18）爆弾・増槽マスター・スイッチ （19）爆弾・増槽選択およびアーミング・スイッチ （20）フリクション・コントロール（スロットルの動き具合を調節）（21）プロペラ・バーニアー・ノブ（左右のエンジンを同調させるとき、右側プロペラのピッチを微調整するのに用いる）（22）昇降舵トリム・タブ・コントロール （23）プロペラ・フェザリング・スイッチ （24）パーキング・ブレーキ・ハンドル （25）酸素流量計 （26）酸素自動混合レバー （27）スポットライトの置き換え位置 28）コクピット換気コントロール （29）降着装置コントロール・ハンドル （30）降着装置コントロール・リリーズ・ノブ

そうした配慮をしていたものの、P-38のL-3はむきだしで、電球の収容部が裏側にある（イギリスのMk.8では下に付いているので、スポッとその部分を抜けば、電球を交換できる）。

そもそも米陸軍の戦闘機が搭載した光学式ガンサイトは貧弱なものばかりで、リフレクターガラスのサイズが小さいので投影するレティクルも小さく、カバーできる範囲が狭いので、大きな角度の見越し射撃がやりにくいという問題があった。そのなかでN-9やL-3はややましな方だったが、広く用いられたN-3やN-6はそれより小型で、イギリスに駐留した部隊では英空軍からMk.8を譲り受けて付け替えたりした（P-51でも同じことをやった部隊がある）。ちなみに米海軍は早い時期にMk.8をライセンス生産し、すべての戦闘機に装備した。

P-38は後に前方風防に平面の防弾ガラスをはめこみ、ガンサイトをその前に付けたので、電球交換といった問題は解消され、こうした後期型には見越し射撃を容易にするジャイロ・ガンサイトK-14が搭載されるようになり、空戦で有利になった。ただし、このK-14はイギリスが開発したもののライセンス生産で、爆撃機の銃手用ガンサイトではほかの国よりもリードしていたのに、戦闘機用となるとアメリカは後進国に近かったのだ。

**新旧のコントロール・ホイール**

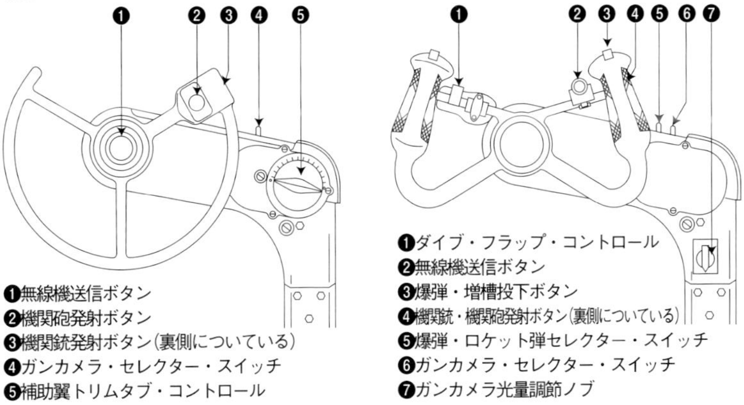


初期のP-38は左側のようなコントロール・ホイールを使用していたが、P-38J-10以降は右側のように変更された。

## 寒さに凍えるコクピット

多くのP-38のパイロットが回想録で、暖房がまったくといっていいほど効かず、高高度飛行では寒くて困ったと口をそろえて述べている。イギリスから作戦したP-38のパイロットのなかには、二重の絹の手袋をした上にぴっちりした革の手袋をし、さらに分厚いグローブのような手袋をする。それでも手が凍えるのに、やたらにあるボタンやスイッチ類をちゃんと操作するなどできるわけがなく、敵地に突入するというのでいろいろなスイッチを入れたりするのに気をとられ、奇襲されて撃墜された者もいると憤慨している人もいる。冬季のヨーロッパで作戦したので寒かったのだと書いている本もあるが、南方であろうと高空に昇れば外気温度は氷点下。チョモランマの頂きに雪が消えることはなく、それ以上に高い高度を飛べば、寒いに決まっている。オーストラリアを根拠地として作戦していたパイロットでも、中に羊の毛が入っているロングブーツを買おうと思ったが、緊急脱出のときが不安なので、紐できっちり結ぶ通常の飛行靴で寒さを我慢するにことにしたと書いている。

テスト段階でこの重要な問題に気が

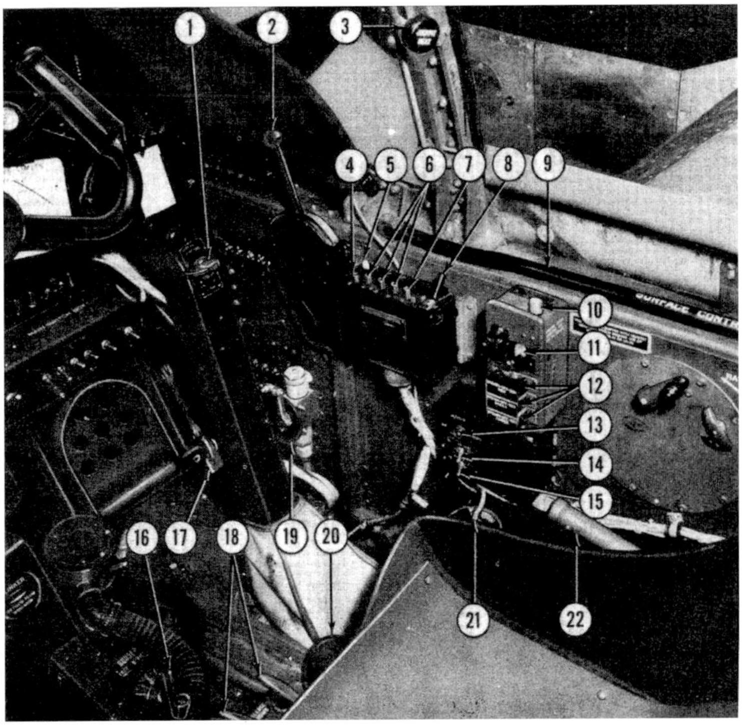

**コクピット右側（P-38L-5）**

（1）ガイサイト光量調整装置 （2）フラップ・コントロール・レバー （3）コクピット暖房コントロール （4）VHF無線機オン・オフ・ボタン （5）主翼と尾翼の標識灯スイッチ （6）無線機周波数選択ボタン （7）選択ロック・レバー （8）VHF無線機コントロールレバー （9）舵面ロック（収納時） （10）識別灯選択ボタン（胴体下面に並んだ3色のライトを選択） （11）コクピット・ライト （12）識別灯スイッチ （13）AN/APS-13後方警戒レーダー警告灯光量調整装置 （14）AN/APS-13テスト・スイッチ （15）AN/APS-13オン・オフ・スイッチ （16）方向舵トリムタブ・コントロール （17）方向舵ペダル調節レバー （18）爆弾・増槽手動投下レバー （19）補助翼ブースト・コントロールレバー （20）リリーフ・チューブ（パイロットが小用を足すときにホースを接続） （21）ビーコン受信装置 （22）油圧ハンド・ポンプ

つかなかったのは、当初考えられたインターセプターという役割では、高空を飛行するのは短い時間に限られたからだろう。それが爆撃機の援護のため、増槽により大幅に延びた航続性能を生かして、長時間高空を飛ぶことになったので暖房の不足が深刻になったわけだが、暖房というごく簡単に思えることがなぜ解決できなかったのだろう。

フライトマニュアルには暖房システムの操作の仕方が書いてあるだけで、どこから暖気を採り入れるのかは市販されているP-38の本で説明しているものはない。やっと発見したのはターボ過給機系統のマニュアルにあった図で、それによりターボ過給機に送るエンジン排気を集めた管の中を暖房用の空気の管が通されていることが分かった。つまり、外気を採り入れた管を熱い排気の中に置くことで、その中の空気を暖め、コクピットの放出口までもってくる仕組みだったのだ。

### コクピット部の防弾

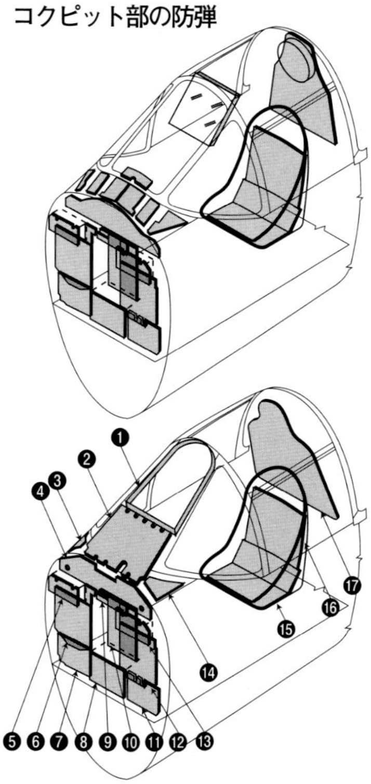

上は初期型の防弾鋼板。パイロット前方の防弾ガラスは丸みを帯びた風防の内側に付けられている。鋼板と防弾ガラスの重量は計86kg。下はP-38J-10以降のもので、前方風防に平らな防弾ガラスが使用され（❶）、その下方に防弾鋼板が付けられた。座席後方の鋼板（⓱）がパイロットの肩幅あたりまで拡大され、上の方は後方視界が得られるようにくびれた形状になっている。上の図の後方鋼板は重量15kgほどだが、こちらの大きくなった鋼板だと23kgになり（どちらも厚さは9.5mm）、そうした重量増加を抑えるためか、前方の何枚もの鋼板（❹〜⓭）はそれまで厚さ9.5mmだったのが6.4mmのものに換えられている。座席の鋼板は厚さ9.5mm。

P-38Jからターボ過給機の中間冷却器をエンジン下部に移設した。ナセルの前方に見えるのは2基の滑油冷却器のひとつで、中間冷却器はその中間にある。主翼後縁あたりに丸い口をあけているのは気化器の空気取り入れ口。

これでは暖房が効かないと文句を言われても、おいそれと対策がとりにくい。その管を排気にさらす時間を長くすれば空気が暖まるだろうが、排気管を延長することはできず、くねくね曲げたりしたら、ターボ過給機の運転に影響する。排気管の中をくぐらせる管の表面積を増すという手もあるが、ターボ過給機で技術的に一番難しかったのは高温の排気で回すタービン部の材質といわれるくらいだから、下手をすると暖房の管が溶けてしまう。

結局、P-38J-10以降で採られた対策は、それまで2つのエンジンから採った暖気を、片方はコクピットに流し、もう片方は武装コンパートメント（偵察型ではカメラ収容部）の暖房に充てていたのを（機関銃や機関砲も寒いとグリースなどが固化し、動かなくなる）、両方ともコクピットに回し、武装コンパートメントには電熱器を用いるというものだった。それでもまだ寒いという声があり、爆撃機の銃手が着たような電熱スーツ用のコンセントをコクピットに設置し、スーツを支給することにしたのである。

ほかの飛行機ではどこから暖気をとっていたか調べてみると、一番快適なコクピットをもつといわれるP-51は胴体下面のエンジン冷却器に暖気用管を通していた。ここなら暖気用管の長さを充分に取るのも楽で、P-38も早い時期にそれに見習っていればよかっただろう。

### ターボ過給機と中間冷却器

V-1710本体についてはP.78の記事で解説されているので、ここでは触れないが、P-38が搭載したターボ過給機付きのV-1710エンジンは、使われた地域によって評判にかなり差があった。酷評するパイロットが多いのはイギリスから作戦した第8航空軍で、太平洋戦域ではそれほどひどい悪口は聞かれない。爆撃機を援護するために高空を長時間飛行する必要があった第8航空軍と、ヨーロッパとは違って目標に向かって洋上を飛行する太平洋では、対空砲火を避けるのに高度をとる必要がなく、ときには高空を飛ぶことがあるといった程度なので、それが影響しているようだが、不評の原因のひとつが中間冷却器にあったことは確かだ。

普通の過給機はエンジンからパワーの一部を抜き出してコンプレッサーを回し、それで圧縮した空気をエンジンの気化器に送るが、ターボ過給機はエンジンの排気でタービンを回し、その力をコンプレッサーに伝えて空気を圧縮する。その圧縮された空気はかなりの高温なので、気化器に送る前に適正な温度まで冷やさなくてはならない。

その役割を担うのが中間冷却器で、B-17やP-47などはエンジンの冷却液を冷やすのと同じような蜂の巣状の中間冷却器を使っていたが、P-38は外翼部の前縁を冷却器として使う斬新な設計をとった。胴体ナセルに通常の中間冷却器を入れる余地はなく、ブームにはすでにターボ過給機、主脚、エンジンの冷却器を入れてあり、さらに追加するとなると、ブームの長さを伸ばさ

## P-38Fに搭載されたV-1710-49/53のエンジン冷却システム

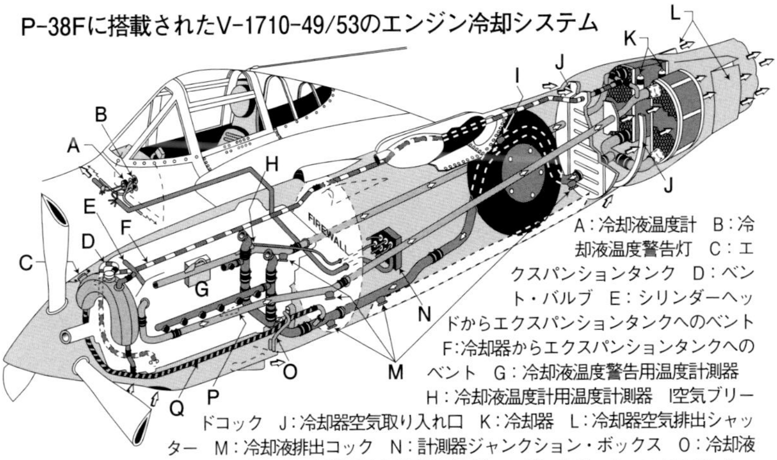


A：冷却液温度計　B：冷却液温度警告灯　C：エクスパンションタンク　D：ベント・バルブ　E：シリンダーヘッドからエクスパンションタンクへのベント　F:冷却器からエクスパンションタンクへのベント　G：冷却液温度警告用温度計測器　H：冷却液温度計用温度計測器　I空気ブリードコック　J：冷却器空気取り入れ口　K：冷却器　L：冷却器空気排出シャッター　M：冷却液排出コック　N：計測器ジャンクション・ボックス　O：冷却液ポンプのシール部排出口　P：冷却液温度計用温度計測器（右側エンジンのみ）　Q：エクスパンションタンクへの冷却液ライン

## P-38Eに搭載されたV-1710-27/29の滑油システム

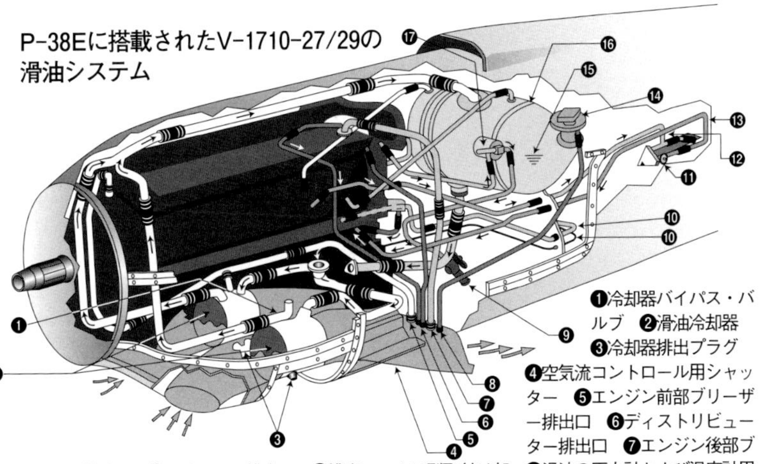

❶冷却器バイパス・バルブ　❷滑油冷却器　❸冷却器排出プラグ　❹空気流コントロール用シャッター　❺エンジン前部ブリーザー排出口　❻ディストリビューター排出口　❼エンジン後部ブリーザー排出口　❽スカッパー排出口　❾排出コックY型取付け部　❿滑油の圧力計および温度計用のパイプ　⓫ターボ過給機レギュレーター　⓬レギュレーターへの滑油　⓭レギュレーターからエンジンに戻される滑油　⓮給油口キャップ　⓯滑油の量がこのレベルになったことを示す表示口　⓰滑油タンク（容量51ℓ）⓱滑油希釈バルブ

## P-38J/Lのターボ過給機

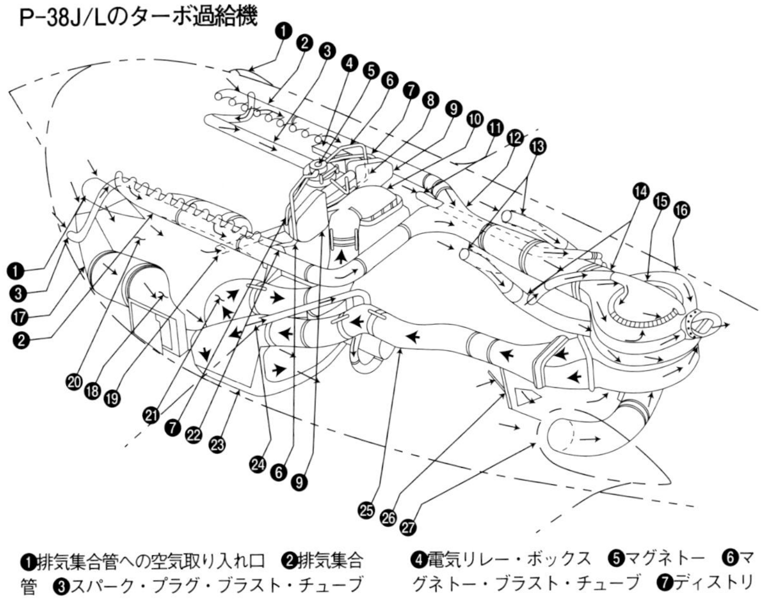

❶排気集合管への空気取り入れ口　❷排気集合管　❸スパーク・プラグ・ブラスト・チューブ　❹電気リレー・ボックス　❺マグネトー　❻マグネトー・ブラスト・チューブ　❼ディストリビューターへの圧縮空気　❽マグネトー部への圧縮空気　❾ディストリビューター　❿気化器へのダクト　⓫コクピット／武装収容室の暖房用チューブ　⓬左右の排気の合流部　⓭過給機調整用空気ダクト　⓮過給機メイン・ベアリングおよび冷却調整部のブラスト・チューブ　⓯過給機冷却部のカバー　⓰B-33過給機　⓱滑油冷却器レギュレーター用空気取り入れ口　⓲滑油冷却レギュレーターの排出ダクト　⓳滑油冷却器電気リレーのダクト　⓴中間冷却器用空気取入れ口　㉑中間冷却器排気ダクト　㉒発電機回転計用ブラスト・チューブ　㉓中間冷却器　㉔発電機用ブラスト・チューブ　㉕中間冷却器用ダクト　㉖空気フィルター　㉗過給機空気取り入れ口

なくてはならない。空いている主翼の前縁を利用すれば、抵抗は少なく、その熱で主翼前縁の防氷もできると考えたわけだ。

だが、この中間冷却器は故障が多かった。ターボ過給機から送られた空気を翼端近くまで導き、また戻してエンジンの気化器に送るのだが、どこかで漏れが生じたら、前縁の構造に組み込んであるので、悪い場所を発見・修理するのが大変だ。

そして根本的な問題として、初期の1,150hpのV-1710ならよかったが、パワーを上げたエンジンに使うには冷却能力が不足するということがあった。ターボ過給機付きエンジンは高空まで大きなパワーを維持できるのが売り物だったが、本来なら1,425hpが出せるはずなので、中間冷却器の能力により出力が制限されるようになったのだ。

その問題を解決したのはP-38Jからで、前にも触れたように外翼前縁の中間冷却器をなくし（その部分は燃料タンクとした）、エンジン下面に従来あった2つの滑油冷却器と並べて通常形式の中間冷却器を付けた。

ターボ過給機本体にも問題はあったが、その信頼性を上げ、コントロールを容易にする努力が重ねられ、後期のP-38J/Lには完璧とはいえないまでも（名機とうたわれるP-51にしても、トラブルはいろいろあった）、第一線の戦闘機として通用する性能をもたらした。

今回P-38のことを改めて調べると、さまざまな問題を抱え込んでいたことが分かった。それを乗り越えて大戦終結まで働き続けたのは、基本設計が優れていたからだろう。

Illustration : Mototaro HASEGAWA

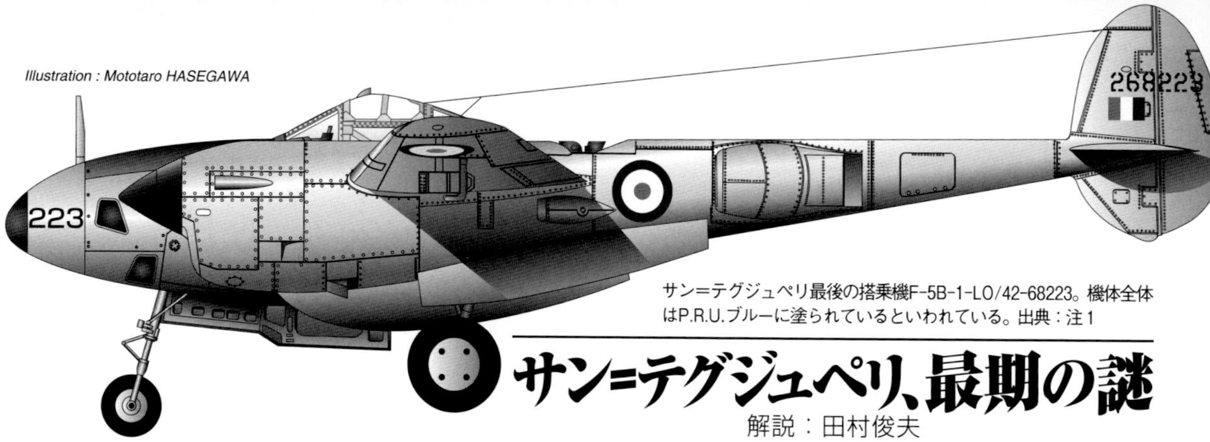


サン=テグジュペリ最後の搭乗機F-5B-1-LO/42-68223。機体全体はP.R.U.ブルーに塗られているといわれている。出典：注1

# サン=テグジュペリ、最期の謎

解説：田村俊夫

P-38ライトニングにからむ未解決の謎というと、日本海軍の山本五十六連合艦隊司令長官搭乗機を誰が撃墜したのかが思い起こされるが、『星の王子さま』で有名なフランスの飛行作家サン=テグジュペリの最後を巡っての謎も未だに尾を引くミステリーである。

## 飛行作家サン=テグジュペリ

アントワーヌ・ド・サン=テグジュペリ（Antoine de Saint-Exupéry）は1900年6月29日にフランス貴族の長男として生まれ、自らの体験にもとづく作品『南方郵便機』『夜間飛行』『人間の土地』で文名を高めた。第二次世界大戦でフランスがドイツに宣戦布告すると、フランス空軍に招集され、ブロックMB.174偵察爆撃機を装備する偵察飛行隊GR II/33に配属・出撃、その体験から『戦う操縦士』を発表する。

フランス敗戦後はアメリカに渡った。しかし、亡命生活に馴染めず、1943年7月に北アフリカで旧部隊：GR II/33に再入隊を果たし、F-5偵察機に装備更新した第1飛行隊（1st Escadrill）で新機種への転換訓練を受ける。

写真偵察飛行任務は、彼の40を過ぎた年齢と、過去の航空事故で受けた古傷が高空飛行によって苦痛をもたらすのではないかと危ぶまれたものの、彼は地上勤務にまわされるのを断固拒否して、何とか飛行を続けた。だが、1944年7月31日、コルシカ島よりフランス南東部の写真偵察に飛び立ったF-5B/42-68223に搭乗したサン=テグジュペリ少佐は帰環しなかった。皮肉にも、これが彼の最後の実戦飛行任務となるはずで、公式には、行方不明となった日付で彼はマーチンB-26装備の第31飛行隊司令部に転属されていた（注1）。

判明しているのは、彼は最後まで沈黙を守ったままで、連合国側のレーダーにも帰還する姿を捕らえられずに行方不明になったことだけだった。

写真偵察機は単独行動を取るだけに、緊急時以外、たとえば、敵に発見されて攻撃を受けている場合など以外には存在を敵に探知されないよう沈黙を守るのが原則だった。したがって帰還しない場合には、どうなったのか不明のままで、真にMIA（戦闘行動中行方不明）となる。対するドイツ軍側も、有名パイロットを撃墜、あるいは、捕虜にすれば喜んで発表しそうなものであるが、それも皆無だった。

そして、戦争は終わったが、サン=テグジュペリの最後は判明しなかった。

## ブレスレット発見!

事態が急展開したのは、1998年9月7日、マルセイユ沖でトロール漁をしていたジャン=クロード・ビアンコという漁師が引き揚げた網の中のごみから、ブレスレットが見つかったからだった。ブレスレットには数行の文字が掘ってあり、1行目は「アントワーヌ・サン=テグジュペリ（コンスエロ）」、2行目は「レイナル & ヒッチコック気付」、3行目は「386、ニューヨーク四番街、U.S.A.」とあった。2行と3行目は、サン=テグジュペリのアメリカにおける出版社の所在地だった。つまり、このブレスレットはサン=テグジュペリの所持品の可能性があり、彼の乗機も近くに沈んでいると思われた。ただちに、海底の捜索が開始されたが、機体が発見できずにいるうちに、10月末にブレスレット発見のニュースが世界を飛び回った。

ただちに問題になったのは、ブレスレットの真偽だった。翌年1月末、フランス月刊誌『科学と生命』は、彼がこのブレスレットを持っていたことを保証する証言がないなどと伝え、さらに遺族がアメリカのFBIに鑑定を依頼した鑑定結果は未公表であるものの、変造が行なわれなかったという科学的証拠が確認できないということで（注2）、真偽は不明のままとなった。

## ついに乗機の残骸発見!

2003年9月1日、1998年に地元のダ

サン=テグジュペリも搭乗したことのあるGRII/33所属のF-5A “ジャンヌ”（Jeanne）。機首に「80」の数字とミッションマーキング付き。恐らくF-5A-10-LO/42-13080であろう。

イバーがマルセイユ沖のリューイ島の海底で発見したドイツ機のエンジンとP-38の残骸に注目したグループが、降着装置とターボ・スーパーチャージャー付近の残骸を引き上げた。アエロルリック協会での鑑定結果は、2004年にサン＝テグジュペリ搭乗機発見と発表され、日本では新聞（注３）・雑誌（注３）で報じられ、翻訳書（注２）も出た。

鑑定の根拠は、アエロルリック協会の予備報告書（注４）によると、「ターボチャージャージャーを収容する、左胴体の上部ステンレススチールの構成体（Structure Assembly：部品番号197401L）において、内側ウェブ（腹板）（Inboard Web：部品番号230085）に斜め剪断ウェブ（Diagonal Shear Web：部品番号230109）が付いている箇所のちょうど上、スーパーチャージャー内側支持の前面に人の手で刻印された2734Lが発見された」からだ。つまり、2734Lが、乗機ロッキードF-5B-1-LO/AF42-68223のロッキード社の製造番号422-2734と合致するからだという。

これら識別に肝要なデータは、操縦席に軍による銘板（AF番号と機体型式名称を刻印）が貼られ、操縦席左側胴体外板にもAF番号と機体型式名称がステンシルで書かれ、垂直尾翼にAF番号（シリアルナンバー）が書かれ、このうちのAF番号が軍の管理番号になり、部品番号は特定の機種あるいは型式別に製作されたパーツカタログを参照する。メーカー側も製造番号を刻印した銘板を自社で機体に貼付するのが普通だが、P-38の場合は、中央翼の左側にステンシルで刷ったという（注５）。

したがって、今回、正規の位置と違う位置と違う手段による製造番号が発見されたわけで、米航空誌“Flight Journal”（注６）は、「現存しているP-38では同じ場所で発見できないし、番号の打ち方が決定的証拠というにはちょっと薄いのではないか、電子顕微鏡で2734Lが最近打刻されたものでないと証明する反対鑑定もされてない」と、仏の鑑定を疑問視している。

付記すれば、なぜ製造番号を分かりやすい場所でなく、わざわざスーパーチャージャーを外さねば分らない場所に打つのか、また、打たれた場所からみて、双胴が中央翼に組み付けられる前の段階に刻印されたと解釈されるが、なぜ刻印されねばならないのか謎だ。

Photo : Toshio TAMURA

2003年９月１日にマルセイユ沖で発見された左ブームのターボチャージャー収納部の部分は、2004年６月23日にル・ブールジュの航空宇宙博物館に引き渡され、展示されている。

ともあれ、残骸は2004年６月23日にル・ブールジュの航空宇宙博物館に引き渡され、展示されている。

## 私が撃墜した!

2008年３月、今度は、自分がサン＝テグジュペリを撃墜したという元ドイツ空軍パイロットが名乗り出たというニュースが駆け巡った。氏名はホルスト・リッペルト（Horst Rippert）88歳、元空軍１等航空兵、当時Bf 109装備JG 200の第３飛行隊（3. Staffel）に配属されていた。英国の“Times”３月17日号によれば、1944年７月31日、彼は哨戒飛行中に１機のライトニングがトゥーロンからマルセイユに向けて高度6,000ft（1,830m）という低空を飛行しているのを発見、主翼に命中弾を浴びせて撃墜、機体は海没したという。彼の証言を引き出し、一冊の本（注７）にまとめた筆者たちは『タイムズ』の記者に、サン＝テグジュペリ機の捜索が行なわれているのを知ったドイツ空軍のパイロットたちは沈黙を守る協定を結んだようだ、と語ったという。

ドイツ空軍の撃墜記録は失われているが、その本の筆者たちは証言を信頼に足るものと見なしている。

だが、ドイツ空軍のオリジナルの記録は失われたものの、連合国側によるドイツ側の通信傍受記録は公開されている。それを調査した経験をもつニック・ビール（Nick Beal）氏は自身のホームページ“Ghost Bombers”（注８）で、解読されたドイツ空軍の交戦記録は、31日のフランス担当第３航空艦隊（Lu-ftflotte 3）のものなどいくつかあるが、P-38との交戦はなく、南フランス戦闘機隊（Jafu Süd）の解読された31日の作戦報告も見つからなかったので、サン＝テグジュペリ撃墜は断定できないと結び、この報道に否定的だ。

注１：‘French Lightnings and Mustangs’ by Jean Cuny, “Aero Album”, Vol.6, 1969.
注２：『星の王子さまの眠る海』エルヴェ・ヴォドワ/フィリップ・カステラーノ/アレクシス・ローザンフェルド共著、香川由利子訳、ソニー・マガジンズ、2005年８月刊。発見のいきさつ記録。
注３：「サンテグジュペリ機追跡60年」、横山三四郎、『産経新聞』、2004年３月26日～４月３日号、および、「サン＝テグジュペリ 60年目の奇跡」、横山三四郎、『シュナイダー』No.11、ネコ・パブリッシング、2004年刊。
注４：アエロルリック協会のHP。http://www.aero-relic.org/English/F-5B_42-68223_St_Exupery/e-00-stexuperyf5b.htm
注５：“P-Screamers The History of the surviving Lockheed P-38 Lightnings” by A. Kevin Grantham, Pictorial Histories Publihing, 1994.
注６：‘Saint Expéry Found?’ by Xvier Méal, “Flight Journal” Oct. 2004.
注７：“Saint-Exupéry, L'Ultimate Secret” by Luc Vanrell and Jacques Pradel, Editions du Rocher, 2008. P.189
注８：“The Luftwaffe and Saint-Exupéry, the evidence”, http://www.ghostbombers.com/中のコラム。

# Plane Views of Lightning

# P-38 各型図面

**Drawings by Yukio SUZUKI** 作図：鈴木幸雄

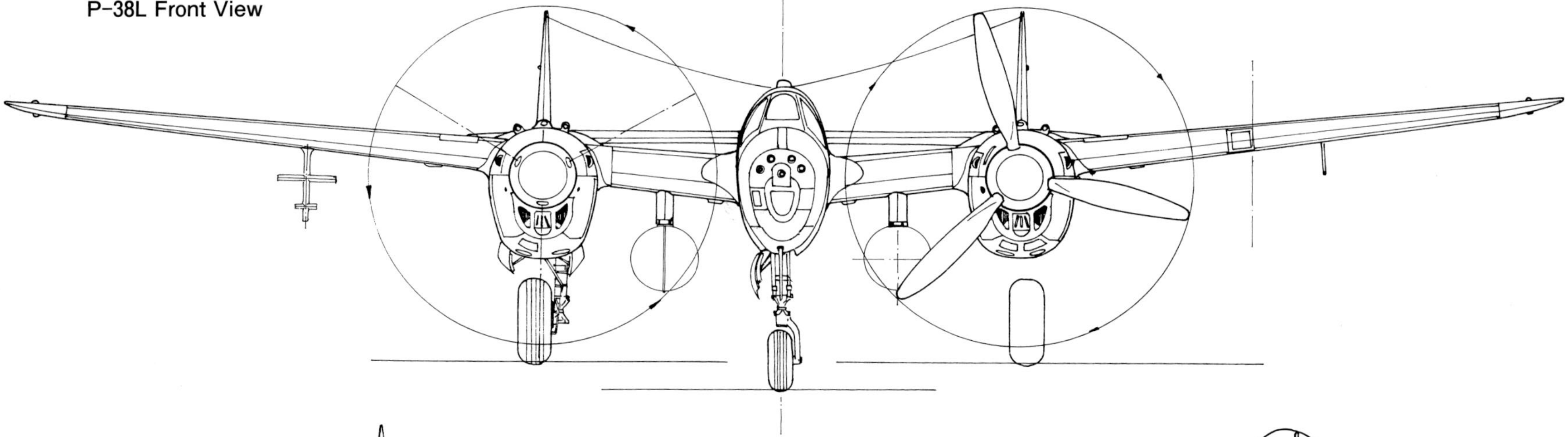

P-38L Front View

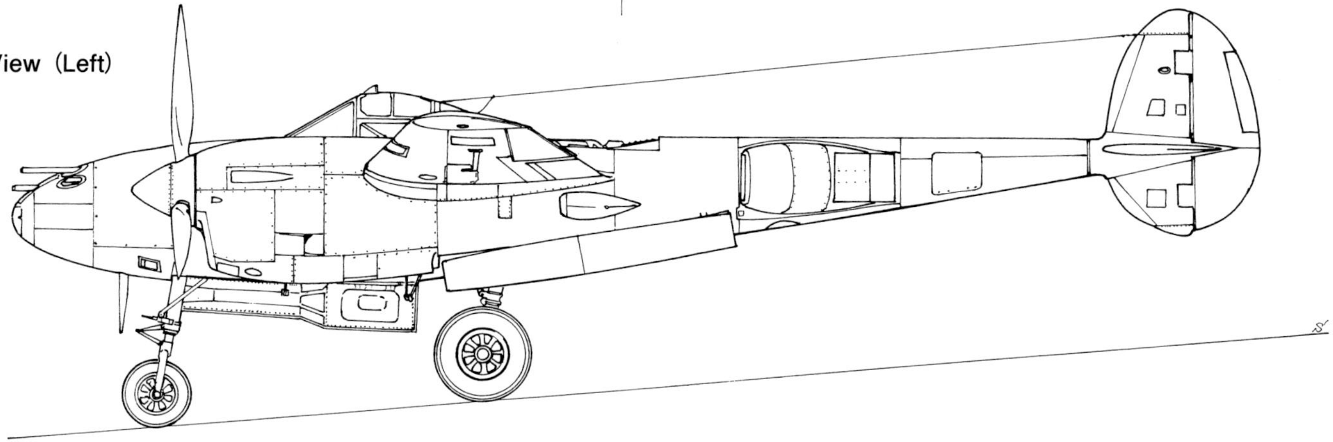

P-38L Side View（Left）

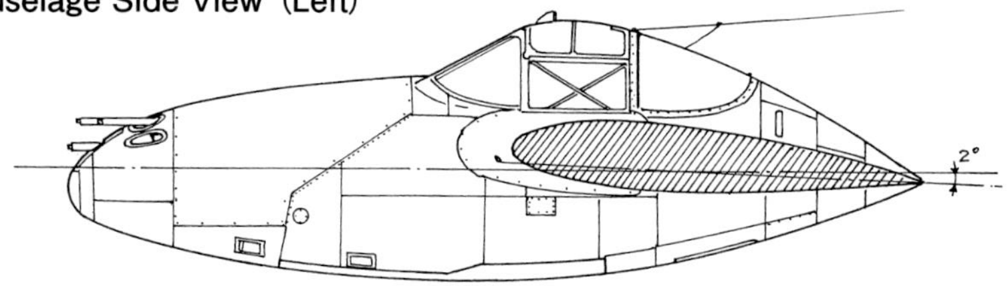


P-38L Fuselage Side View（Left）

## Nose Configuration of Variants
派生型機首形態

P–38L Side View (Right)

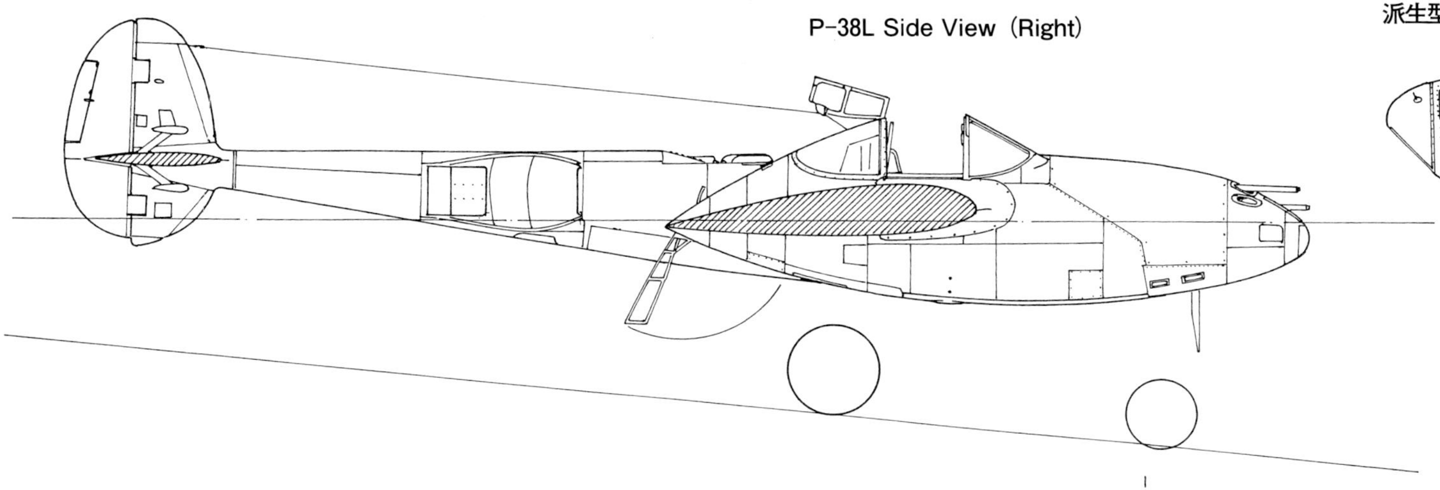

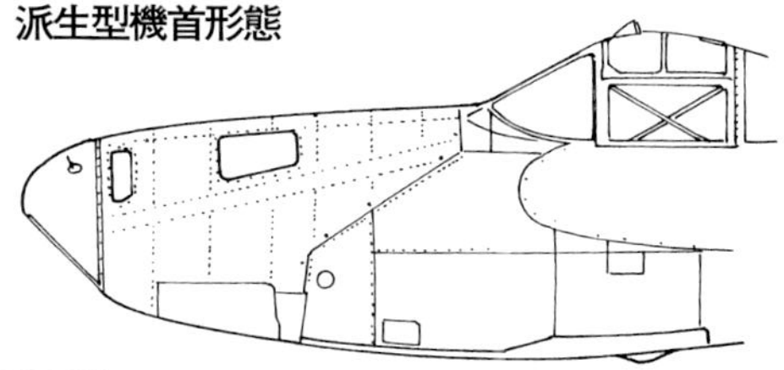

P–38J Droop Snoot

P–38L Engine Nacelle

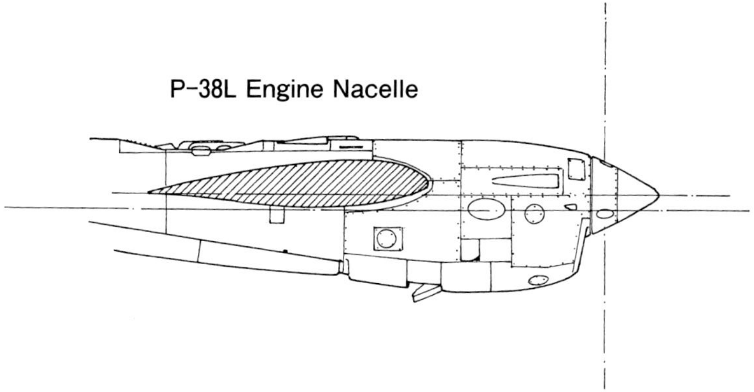

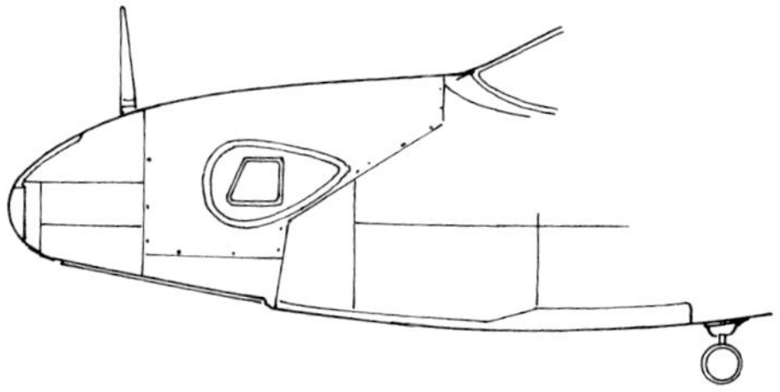

F–5E

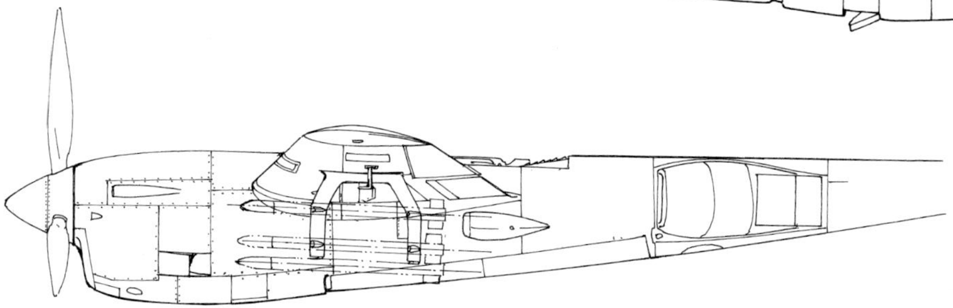

P–38L Five Rocket "Tree" Launcher

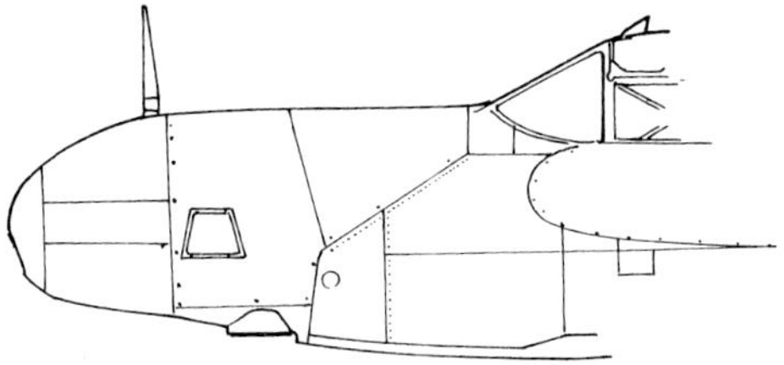

F–5G

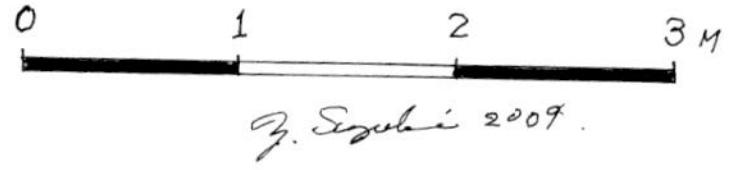

P–38L Top View

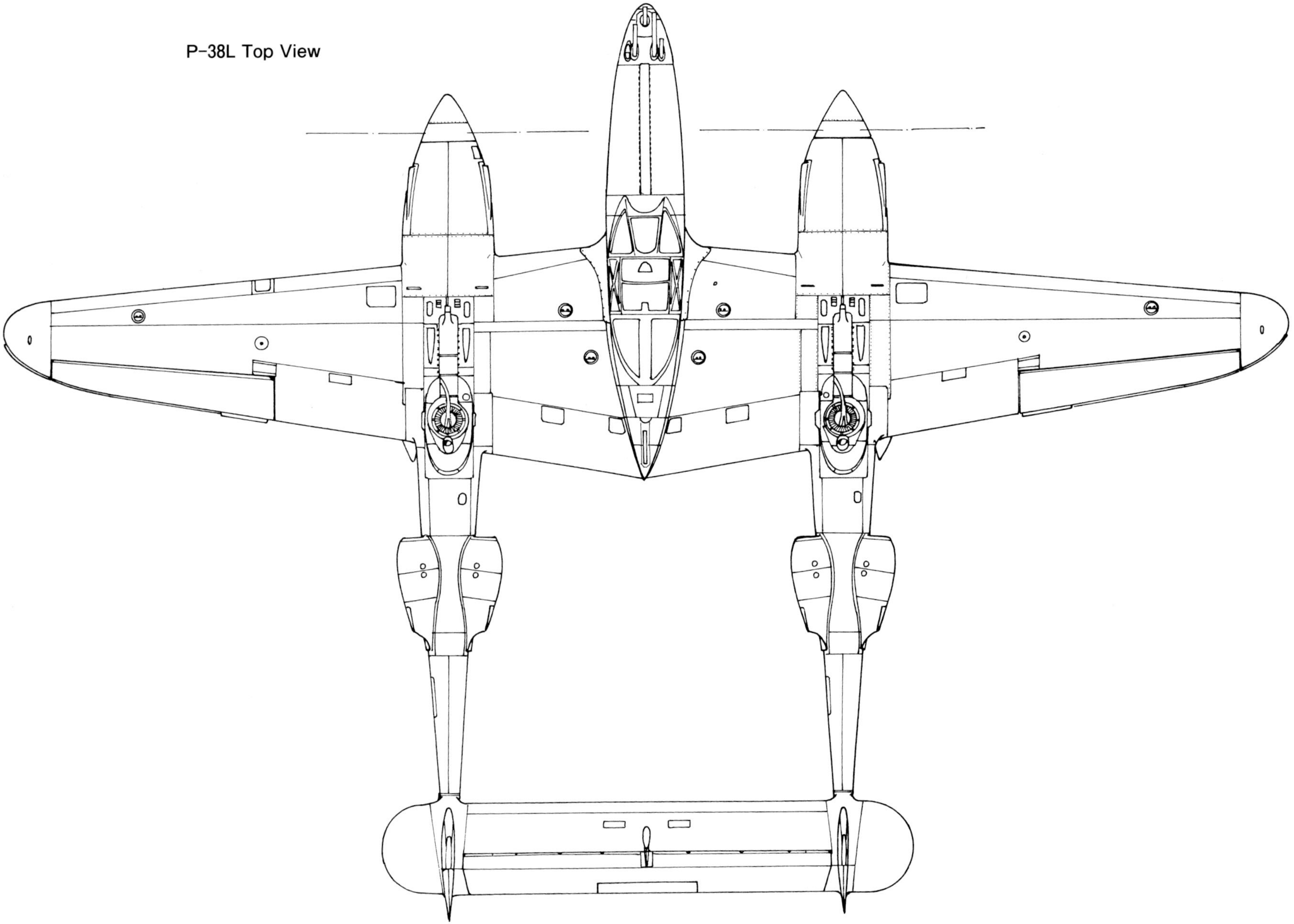

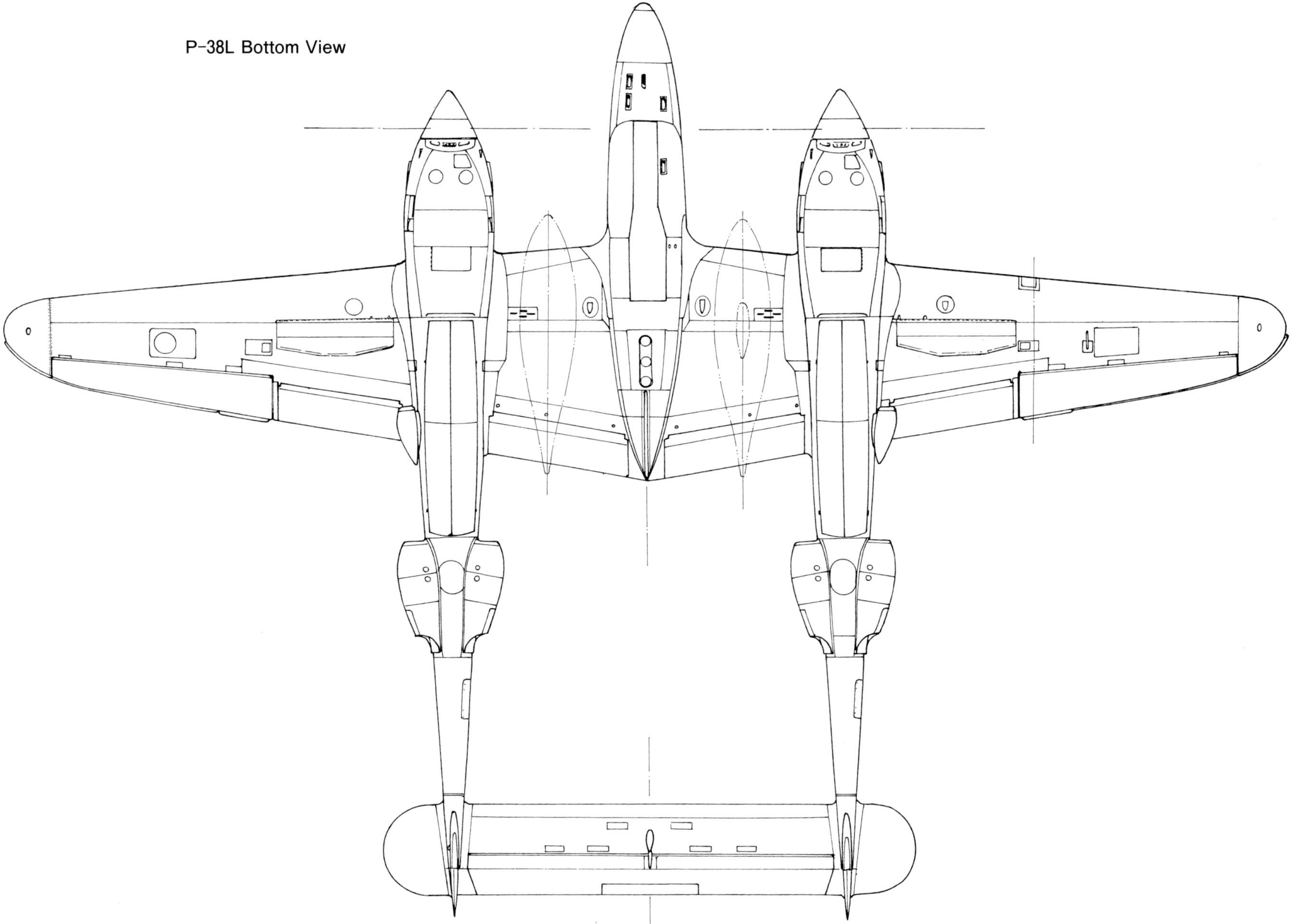

P-38L Bottom View

XP-38 (Lockheed 22) アリソンV-1710-11搭載

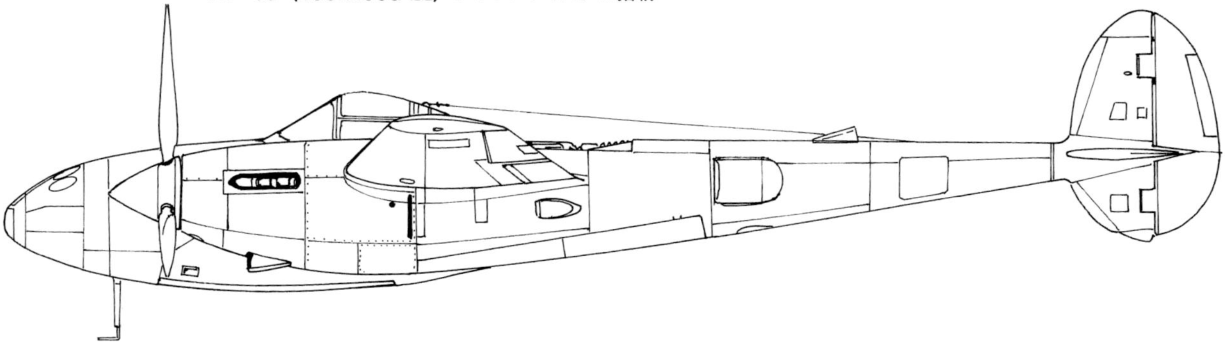

YP-38 (Lockheed 122)
実用テスト用13機製作。V-1710-27搭載、このYP-38からプロペラ回転が外回りとなる

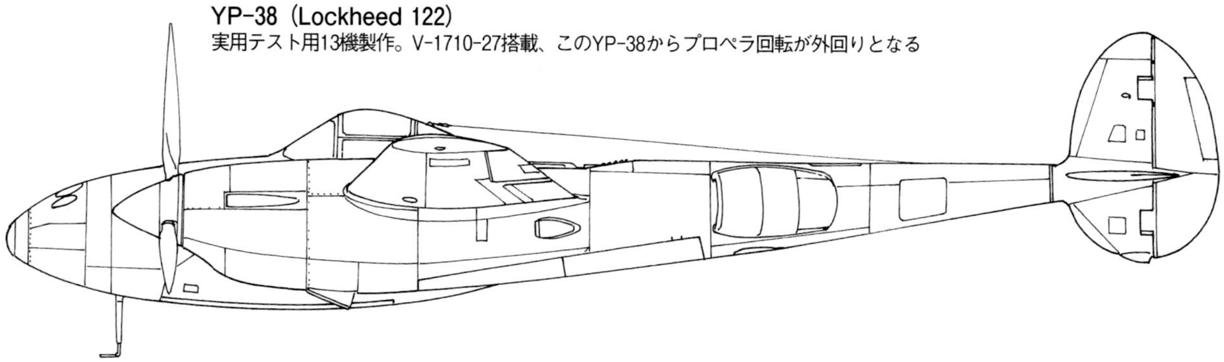

P-38H

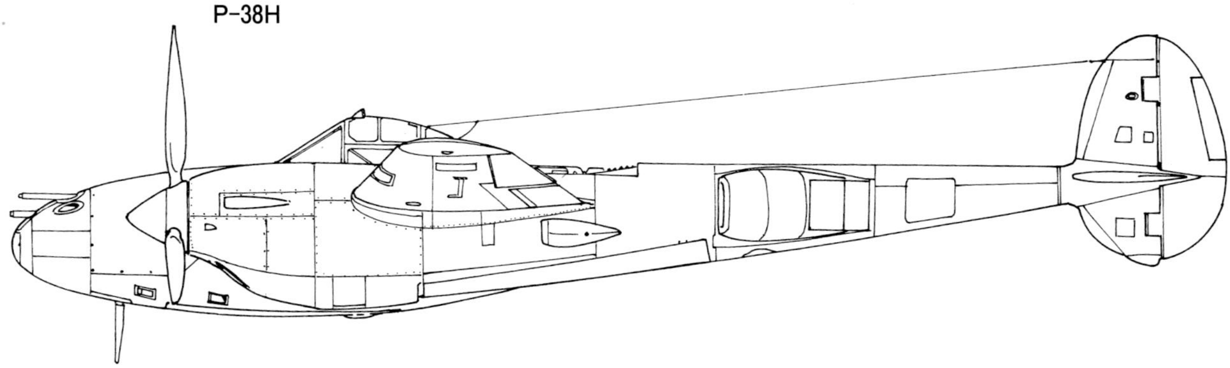

P-38M 夜間戦闘機型

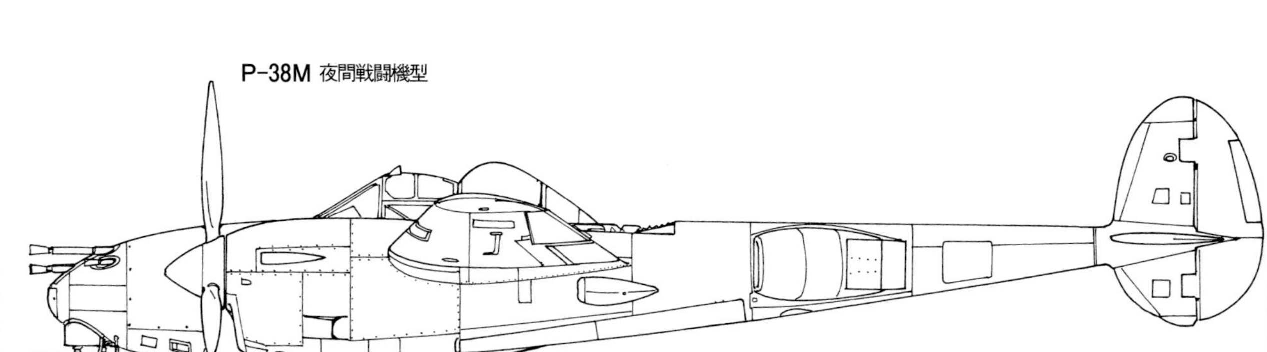

# P-38L Dimensioned Drawings

## P-38L寸法図

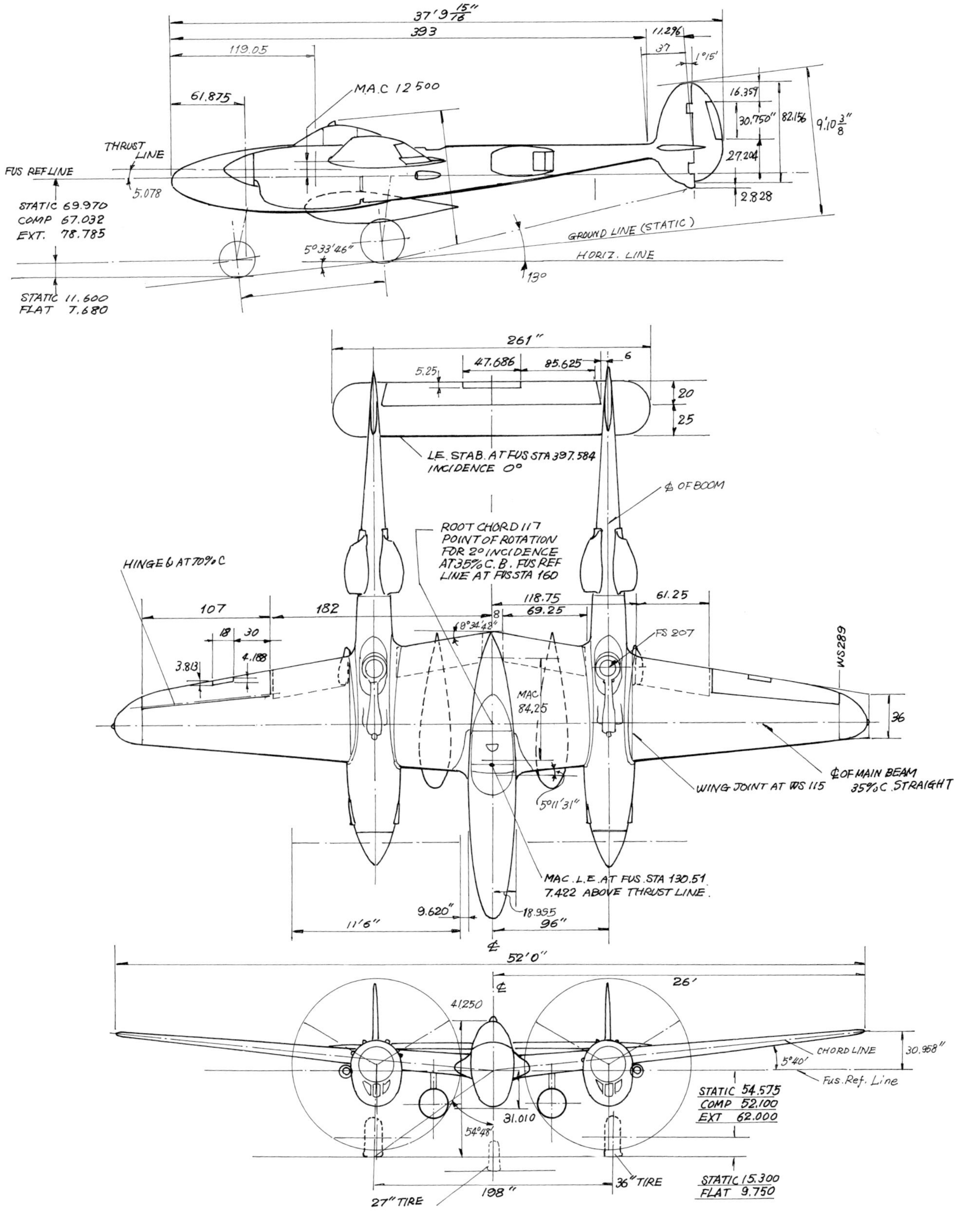

# FROM EDITOR

第二次大戦前夜、世界的に流行した双発戦闘機の開発ですが、そのほとんどが期待とは裏腹の結果に終わっているなかにあって、唯一昼間でも使える戦闘機として成功したP-38。鬼才“ケリー”ジョンソンの手による本機のスレンダーな肢体は、見る角度によって印象を変え、飽きを感じさせることがありません。本誌はその本機の魅力をカラー写真でタップリお見せすることができました。P-38のカラー写真をこれほどまで載せたのは本邦初ではないかと自負しております。また、本機の高性能を支えたアリソン・エンジンや双発戦闘機の設計思想の変遷などを掘り下げた記事も読み応え充分です。

現在は第二次大戦前夜と同様、不景気風が吹き荒れております。当時のように不況であらぬ方向へと世界全体が動いていってしまうようなことはないでしょうが、本誌はそんな空気を吹き飛ばすように、“傑作機”で皆さんの目を楽しませていきたいと思います。今年も本誌をよろしくお願いいたします。（湯沢）

## 世界の傑作機バックナンバー

- No.1 ボートF-8クルーセイダー
- No.2 メッサーシュミットMe262
- ●No.3 ダグラスA-4スカイホーク
- No.4 リパブリックF-105サンダーチーフ
- No.5 零式艦上戦闘機11-21型
- ●No.6 ダグラスA-1スカイレイダー
- ●No.7 ユンカースJu88
- ●No.8 グラマンF11Fタイガー
- No.9 零式艦上戦闘機22-63型
- ●No.10 グラマンF9Fパンサークーガー
- ●No.11 ユンカースJu87スツーカ
- ●No.12 ダグラスF4Dスカイレイ
- No.13 陸軍１式戦闘機「隼」
- No.14 ボーイングB-17
- ●No.15 シコルスキーSH-3
- ●No.16 陸軍２式単座戦闘機「鍾馗」
- ●No.17 陸軍３式戦闘機「飛燕」
- ●No.18 LTV A-7コルセアII海軍型
- ●No.19 陸軍４式戦闘機「疾風」
- No.20 ノースアメリカンF-86セイバー
- ●No.21 陸軍２式複座戦闘機「屠龍」
- ●No.22 F-100スーパーセイバー
- No.23 陸軍５式戦闘機
- ●No.24 陸軍試作戦闘機
- No.25 スピットファイア
- No.26 ステルス機「ブラック・プロジェクト」
- ●No.27 96式艦上戦闘機
- ●No.28 ホーカー・ハリケーン
- ●No.29 陸軍97式戦闘機
- No.30 ロッキードP-38ライトニング
- ●No.31 ボーイングB-52ストラトフォートレス
- No.32 97式艦上攻撃機
- No.33 99式艦上爆撃機
- No.34 AH-1コブラ，AH-64アパッチ
- No.35 グラマンF4F，F6F，F8F
- ●No.36 ベルP-39エアラコブラ
- No.37 P-47サンダーボルト
- ●No.38 100式司令部偵察機
- ●No.39 カーチスP-40ウォーホーク
- ●No.40 ドーントレス，ヘルダイバー
- ●No.41 メッサーシュミットBf110
- ●No.42 TBF/TBMアベンジャー
- ●No.43 KC&C-135シリーズ
- ●No.44 93式中間練習機
- ●No.45 OV-10ブロンコ
- ●No.46 マクダネルF3Hデモン
- ●No.47 日本海軍水上偵察機
- ●No.48 デ・ハビランド・モスキート
- No.49 ２式飛行艇
- ●No.50 ロッキードP2V/川崎P-2J
- ●No.51 B-25ミッチェル
- ●No.52 ボーイングB-29
- No.53 強風，紫電，紫電改
- ●No.54 B-24リベレーター
- No.55 零式艦上戦闘機11-21型
- No.56 零式艦上戦闘機22-63型
- ●No.57 海軍夜間戦闘機「月光」
- ●No.58 ロッキード・コンステレーション
- ●No.59 １式陸上攻撃機
- ●No.60 グラマンA-6イントルーダー
- ●No.61 海軍局地戦闘機「雷電」
- ●No.62 ジェネラル・ダイナミックスF/FB-111
- ●No.63 ホーカー・タイフーン/テンペスト
- ●No.64 コンベアB-58ハスラー
- ●No.65 陸軍１式戦闘機「隼」
- ●No.66 ホーカー・ハンター
- No.67 X-プレーンズ
- ●No.68 グラマンF4Fワイルドキャット
- ●No.69 海軍艦上爆撃機「彗星」
- ●No.70 ダッソー・ミラージュIII
- ●No.71 グラマンF6Fヘルキャット
- ●No.72 アブロ・バルカン
- ●No.73 陸軍95式練習機
- ●No.74 F-4ファントムII海軍型
- ●No.75 P-51A，B，Cムスタング
- ●No.76 MiG-21“フィッシュベッド”
- ●No.77 サーブ 35 ドラケン
- ●No.78 フォッケウルフ Fw190
- ●No.79 P-51ムスタング，D型以降
- ●No.80 E.E./BAC ライトニング
- ●No.81 コンベア F-102 デルタダガー
- ●No.82 F-4ファントムII輸出型
- ●No.83 MiG-25“フォックスバット”
- ●No.84 F-80/T-33シューティングスター
- ●No.85 スホーイSu-7/-17“フィッター”
- ●No.86 F-4ファントムII米空軍型
- ●No.87 コンベア F-106 デルタダート
- ●No.88 ヴォートF4Uコルセア
- ●No.89 スホーイSu-24“フェンサー”
- ●No.90 F-84サンダージェット/サンダーストリーク
- ●No.91 九六式陸上攻撃機
- ●No.92 MiG-23/-27“フロッガー”
- ●No.93 ノースアメリカンF-86セイバー
- ●No.94 グラマンF7F/F8F
- ●No.95 T-38タロン，F-5A/Bフリーダムファイター
- ●No.96 F-5E/FタイガーII，F-20タイガーシャーク
- ●No.97 MiG-15“ファゴット”，MiG-17“フレスコ”
- ●No.98 陸軍四式重爆撃機「飛龍」
- ●No.99 ハインケル He 111
- ●No.100 SR-71ブラックバード
- ●No.101 F-101ヴードゥー
- ●No.102 スピットファイア
- ●No.103 F-104 スターファイター
- ●No.104 ロッキードF-104J/DJ“栄光”
- ●No.105 メッサーシュミットBf 109（パート1）
- ●No.106 XB-70 ヴァルキリー
- ●No.107 LTV A-7 空軍型
- ●No.108 艦上偵察機「彩雲」
- ●No.109 メッサーシュミットBf 109（パート2）
- ●No.110 ツポレフTu-95/-142“ベア”
- ●No.111 ハリアー/シーハリアー
- ●No.112 A-5 ビジランティ
- ●No.113 Tu-22/-22M“ブラインダー”“バックファイア”
- ●No.114 富士T-1
- ●No.115 メッサーシュミットMe 262
- ●No.116 三菱T-2
- ●No.117 三菱F-1
- ●No.118 A-3 スカイウォーリア
- ●No.119 ハインケルHe 219“ウーフー”
- ●No.120 スホーイSu-15“フラゴン”
- ●No.121 ボーイングB-1ランサー
- ●No.122 ブラックバーン・バッカニア
- ●No.123 メッサーシュミット Me 163
- ●No.124 強風、紫電、紫電改
- ●No.125 コンベアB-36ピースメイカー
- ●No.126 ツポレフTu-16“バジャー”
- ●No.127 ダグラスA-26インベイダー
- ●No.128 アラドAr 234“ブリッツ”
- ●No.129 Il-2シュツルモヴィク
- ●No.130 九九式艦上爆撃機

## 世界の傑作機スペシャル・エディション

- ●Vol.1 海軍陸上爆撃機「銀河」
- ●Vol.2 ロッキードF-117ナイトホーク
- ●Vol.3 Xの時代
- ●Vol.4 ボーイングB-17フライングフォートレス

上記商品のうち、2009年１月末日現在の在庫は●印の112点です。無印のNo.１、No.２、No.４、No.５、No.９、No.13、No.14、No.20、No.23、No.25、No.26、No.30、No.32、No.33、No.34、No.35、No.37、No.49、No.53、No.55、No.56、No.67は絶版になっております。

# 世界の傑作機
# FAMOUS AIRPLANES OF THE WORLD No.131


平成21年３月１日印刷　平成21年３月５日発行
発行人　今井今朝春
編集人　湯沢　豊
定価：本体1333円＋税（送料290円）




株式会社 文林堂
〒164-0001 東京都中野区中野3-39-2
編集部 TEL03(5385)5868 FAX03(5385)5613
販売部 TEL03(5385)5671 FAX03(5385)5703
印刷：凸版印刷株式会社

内容のお問い合わせは上記編集部、在庫のお問い合わせは販売部へお願い致します。